| 개정판 |

수질분석실험

동화기술편집부

도서출판 동화기술

목 차

PART 1

PART 2

PART 4

PART 5

제 1 부

실험실에서의 주의사항

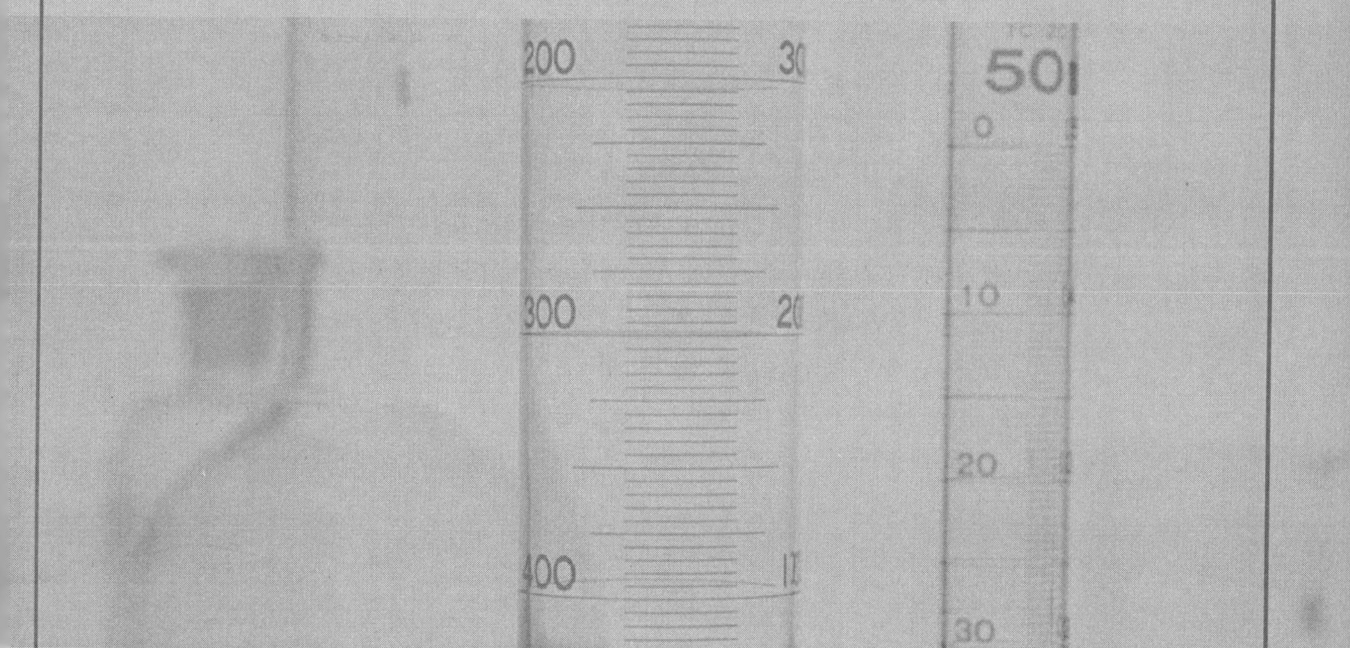

1.1 실험실에서의 주의사항

(1) 실험전 주의사항

① 실험실에서는 반드시 실험복과 보안경을 착용하여 신체나 의복을 보호한다.
② 반드시 지시한 실험방법으로 실험하여 불의의 사고를 방지한다.
⑥ 실험할 내용이나 사용할 기구 및 시약에 대하여 잘 이해한 후 실험에 임한다.
⑦ 실험 중에는 자리를 이탈하지 말고 실험과정을 자세히 관찰한다.

(2) 실험시 주의사항

① 대부분의 시약은 유독하므로 피부에 닿게 하거나 맛을 보아서는 안된다.
② 냄새를 맡을 경우 얼굴을 향하여 손으로 부채질을 하여 냄새를 맡도록 한다.
③ 실험실은 통풍이 잘 되도록 하며, 독성이 있거나 냄새가 심한 약품을 사용할 경우 후드 안에서 실험을 한다.
④ 시약은 반드시 표지(레이블)를 확인한 후 사용하고, 쓰고 남은 시약은 원래의 시약병에 넣지 않는다.
⑤ 시약을 따를 때는 시약병에 붙어 있는 표지(레이블)를 손바닥 쪽으로 가게 하여 표지가 오염되지 않도록 한다.
⑥ 진한 산을 희석할 때는 물에 산을 조금씩 가한다.
(진한 산에 물을 가하면 발열반응이 급격히 일어나 폭발의 위험이 있다)
⑦ 눈금이 새겨진 기구는 가열하지 않는다.
⑧ 액체를 가열할 때에는 끓임쪽을 사용하여 액체가 튀는 것을 방지한다.
⑨ 나트륨과 마그네슘 등의 금속(1A, 2A족 금속)은 물과 닿지 않도록 주의한다.
물과 반응하면 많은 열과 수소가스를 발생하면서 격렬하게 타므로 조심해야 한다. 맨손으로 만지면 화상을 입게 되므로 주의한다.
⑩ 액성 폐기물은 유기성 용매인지 수용성 용매인지 구분하여 폐기물통에 버린다.
⑪ 실험에 사용한 기구는 깨끗이 닦아 보관하고, 약품은 제자리에 갖다 놓으며, 수도나 전열기, 전원스위치 등을 한 번 더 점검한다.

1.2 실험실 내 사고 및 응급처치법

실험 중 화재, 폭발 또는 부상 등의 사고가 발생할 경우, 당황하지 말고 침착하게 적절한 응급조치를 취한다.

① 화재가 발생하였을 경우
버너 등의 열원을 모두 끄고 인화성 물질을 먼 곳으로 옮기며 소화기 또는 모래를 사용하여 소화 작업을 한다.

② 기름이나 에테르 등의 유기용매에 불이 붙었을 경우
절대 물을 사용해서는 안 되며 모래나 옷 등으로 소화 작업을 해야 한다.

③ 물과 잘 섞이는 용매(아세톤이나 알코올 등)에 불이 붙었을 때
물로 소화 작업을 하여도 무방하지만 보통 이산화탄소 소화기를 사용한다.

④ 시약에 의한 화상
즉시 다량의 깨끗한 물로 씻는다.
산에 의한 화상일 경우에는 묽은 탄산수소나트륨 용액으로, 염기성 시약에 의한 화상일 경우에는 묽은 아세트산 용액으로 씻은 후, 적절한 치료를 받는다.

⑤ 눈에 산이 들어갔을 때
묽은 탄산수소나트륨 용액으로 씻고, 알칼리가 들어갔을 때에는 붕산 세안액으로 씻는다. 그 후 깨끗한 물로 충분히 씻고 의사의 검진을 받도록 한다.

1.3 수질실험에서 흔히 사용되는 실험기구

(1) 증류장치

증류시 가지 달린 플라스크가 많이 사용되며, 끓는점이 낮은 물질은 목이 긴 것을, 끓는점이 높은 물질은 목이 짧은 것이 적당하다.
냉각장치 중 가장 많이 사용되는 것이 리비히 냉각기로 안쪽 관에 증기를 흘려보내고, 바깥쪽 관에 물을 흘려 증기를 냉각한다.

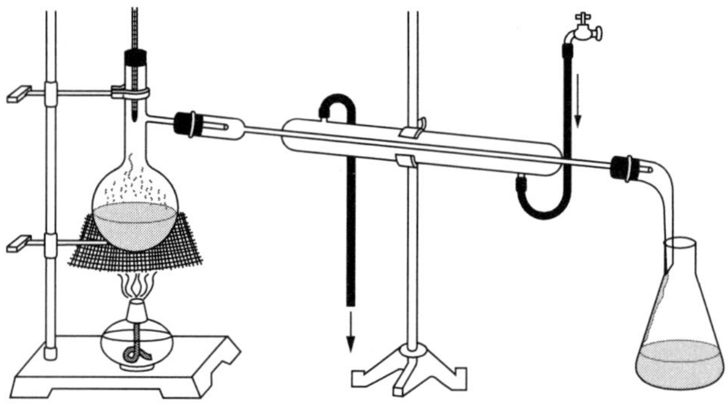

(2) 피펫 필러 사용법

실험실에서는 흔히 수용액이나 용매를 정확하게 취하기 위하여 피펫필러를 사용한다. 피펫을 피펫필러의 끝에 꽂은 다음, 펌프를 손바닥으로 감싸 쥐고 엄지손가락으로 톱니바퀴를 회전시킴으로써 용액을 빨아올리거나 빠져 나가게 할 수 있다.
피펫 필러의 사용법은 다음과 같다.

① 밸브를 엄지손가락과 집게손가락으로 A (Air)를 누른 다음 용액을 빨아들일 수 있도록 다른 손으로 큰 공을 꽉 쥐어 압축시킨 다음 A를 놓는다.
② 피펫 충전기에 피펫을 끼워서 액체가 들어 있는 용액에 넣고, S (Suction) 밸브를 눌러 원하는 용액만큼 빨아올린다.
③ 옮기려는 용기에 피펫을 넣고, E (Ejection) 밸브를 눌러 용액을 피펫으로부터 빠져 나가게 한다.

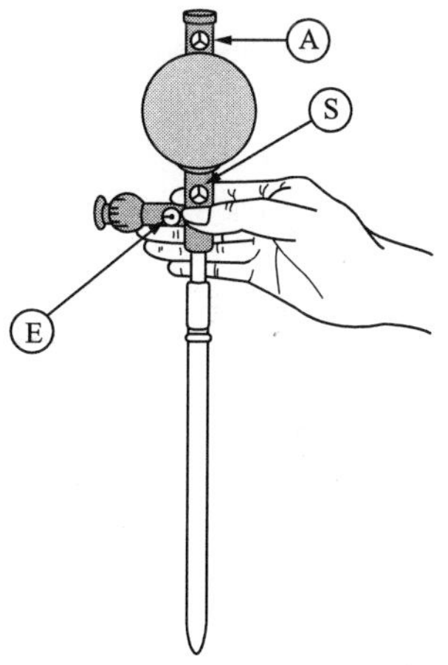

(3) 유리기구의 세척과 건조

① 실험 기구를 사용한 후에는 깨끗이 세척한 후 건조시켜야 한다. 세척하기 어려운 유리 기구는 세척 용액에 담가 두었다가 닦는다.

> 세척용액
> ⓐ 중크롬산염－황산 세척액 : 중크롬산나트륨 92 g을 물 458 mL에 녹인 것에 황산을 천천히 저어주면서 첨가하여(발열반응 주의) 1 L로 만든다.
> 교체시기는 크롬 이온(6가)이 3가 이온(녹색)이 될 때이다.
> ⓑ 알코올－수산화나트륨 세척액 : 120 g의 NaOH를 120 mL의 물에 녹인 후 95% 에탄올을 첨가하여 1 L로 만든다.

② 깨끗이 닦은 유리기구는 물방울이 유리벽에 맺히지 않는다.
③ 유리 기구를 건조대에 거꾸로 방치하여 건조하여 먼지 등의 불순물이 묻지 않도록 해야 한다. 또는 오븐을 이용한다.

1.4 실험기구

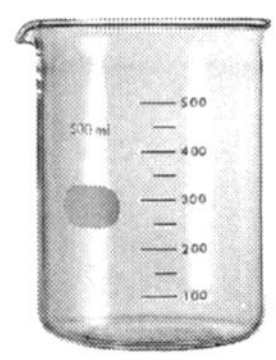 비커 Beaker	 코니칼 비커 Conical beaker	 둥근바닥플라스크 Round bottom flask
 넓적바닥플라스크 Flat bottom flask	 부피플라스크 Volumetric flask	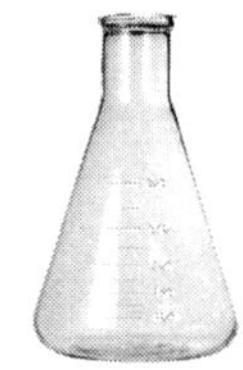 삼각플라스크 Erlenmeyer flask
 가지달린플라스크 Side arm flask	 감압플라스크 Filtering flask	 킬달플라스크 Kjeldahl flask
 뷰렛 Burette	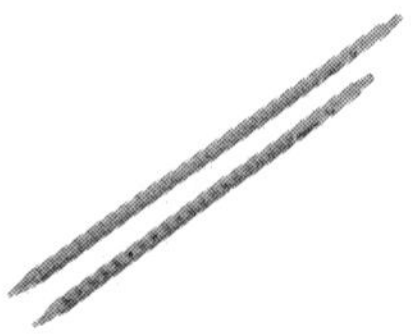 눈금 피펫 Measuring pipette	 홀 피펫 Transfer pipette

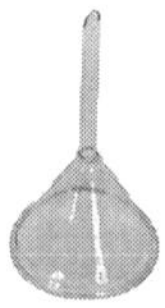 깔때기 Funnel	 분액깔때기 Separatory funnel	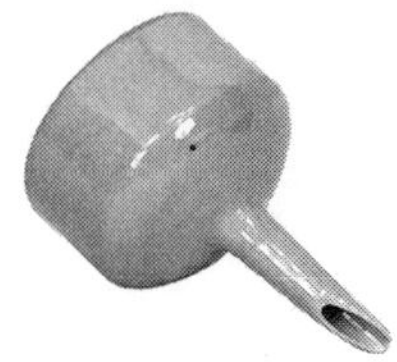 뷔흐너깔때기 Büchner funnel
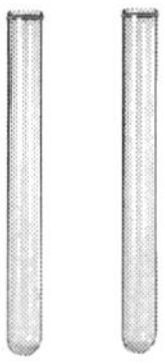 시험관 Test tube	 비중병 Pycnometer	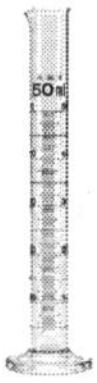 눈금실린더 Graduated cylinder
 데시케이터 Desiccator	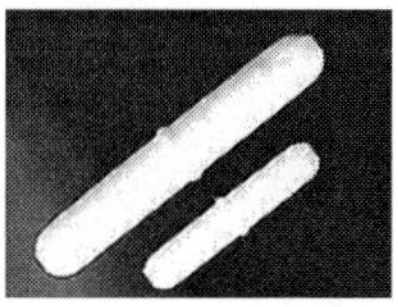 스핀바 Spin bar	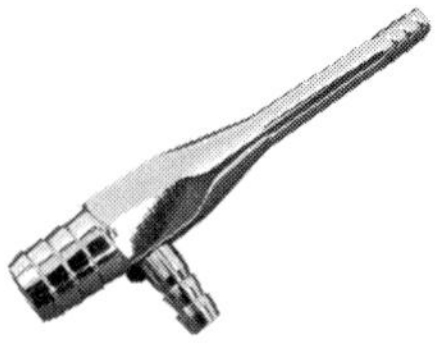 아스피레이터 Aspirator
 리비히 냉각기 Liebig condenser	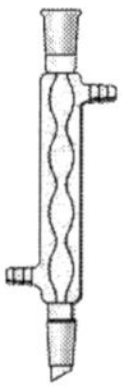 알린 냉각기 Allihn condenser	

제 2 부

총칙 및 일반시험기준

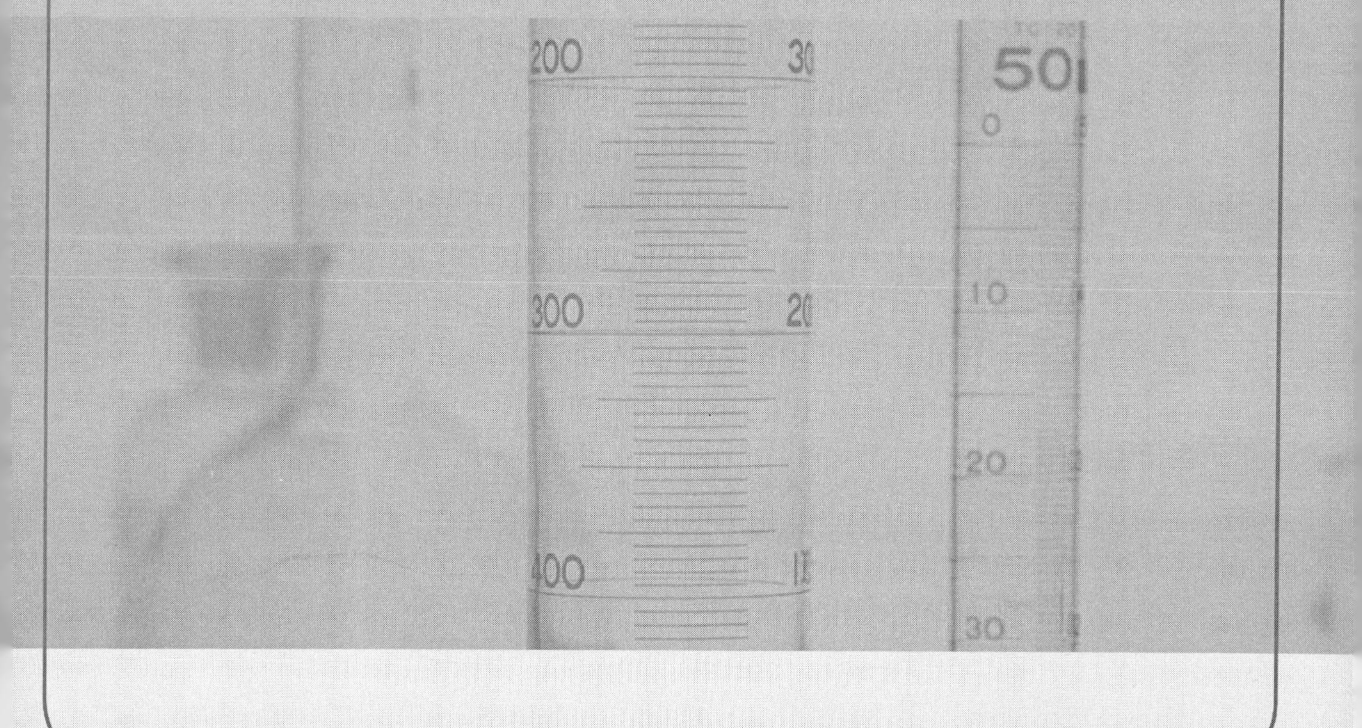

1장 총칙

1.1 표시방법

(1) 단위 및 기호

단위 및 기호는 KS A ISO 1000 국제단위계(SI) 규정에 따른다.
예. 질량(kg), 시간(s), 거리(m), 입자수(mol) 등

요소	SI 접두사	기호	요소	SI 접두사	기호
10^{24}	yotta	Y	10^{-1}	deci	d
10^{21}	zetta	Z	10^{-2}	centi	c
10^{18}	exa	E	10^{-3}	milli	m
10^{15}	peta	P	10^{-6}	micro	μ
10^{12}	tera	T	10^{-9}	nano	n
10^{9}	giga	G	10^{-12}	pico	p
10^{6}	mega	M	10^{-15}	fento	f
10^{3}	kilo	k	10^{-18}	atto	a
10^{2}	hecto	h	10^{-21}	zepto	z
10^{1}	deka	da	10^{-24}	yocto	y

(2) 농도 표시

① 용액의 농도는 용액 100 mL(또는 100 g)에 대한 성분 용량(또는 무게)이다.
중량대 용량 백분율(W/V%) : 용액 또는 기체 100 mL 중 성분무게(g)
용량대 용량 백분율(V/V%) : 용액 또는 기체 100 mL 중 성분용량(mL)
용량대 중량 백분율(V/W%) : 용액 100 g 중 성분용량(mL)
중량대 중량 백분율(W/W%) : 용액 100 g 중 성분무게(g)

② 천분율(ppt, parts per thousand)을 표시할 때는 g/L, g/kg 기호를 쓴다.

③ 백만분율(ppm, parts per million)을 표시할 때는 mg/L, mg/kg 기호를 쓴다.
1 ppm = mg/L = mg/kg =g/kL = g/m^3
(단 4℃의 물 1 mL는 1 g이다)
④ 십억분율(ppb, parts per billion)을 표시할 때는 μg/L, μg/kg 기호를 쓴다.
⑤ 기체 중의 농도는 표준상태 (0℃, 1기압)로 환산 표시한다.

(3) 온도 표시

① 온도의 표시는 셀시우스(Celsius) 법에 따라 아라비아 숫자의 오른쪽에 ℃를 붙인다. 절대온도는 K로 표시하고, 절대온도 0 K는 −273℃로 한다.
② 표준온도는 ℃, **상온은** 15~25**℃**, **실온은** 1~35**℃**로 하고, 찬 곳은 따로 규정이 없는 한 0~15℃의 곳을 뜻한다.
③ 냉수는 15℃ 이하, 온수는 60~70℃, 열수는 약 100℃를 말한다.
④ "수욕상 또는 수욕중에서 가열한다"라 함은 따로 규정이 없는 한 수온 100℃에서 가열함을 뜻하고 약 100℃의 증기욕을 쓸 수 있다.
⑤ 각각의 시험은 따로 규정이 없는 한 상온에서 조작하고 조작 직후에 그 결과를 관찰한다. 단, 온도의 영향이 있는 것의 판정은 표준온도를 기준으로 한다.

1.2 용액

① 용액의 앞에 몇 %라고 한 것(예 : 20% 수산화나트륨 용액)은 수용액을 말하며, 따로 조제방법을 기재하지 아니하였으며 일반적으로 용액 100 mL에 녹아있는 용질의 g 수를 나타낸다.
② 용액의 농도를 (1→10), (1→100) 또는 (1→1000) 등으로 표시하는 것은 고체 성분에 있어서는 1 g, 액체성분에 있어서는 1 mL를 용매에 녹여 전체 양을 10 mL, 100 mL 또는 1,000 mL로 하는 비율을 표시한 것이다.
③ 액체 시약의 농도에 있어서 예를 들어 염산(1+2)이라고 되어있을 때에는 염산 1 mL와 물 2 mL를 혼합하여 조제한 것을 말한다.

1.3 용어 정의

① 시험조작 중 "즉시"란 30초 이내에 표시된 조작을 하는 것을 뜻한다.

② "**감압 또는 진공**"이라 함은 따로 규정이 없는 한 15 mmHg **이하**를 뜻한다.

③ "이상"과 "초과", "이하", "미만"이라고 기재하였을 때는 "이상"과 "이하"는 기산점 또는 기준점인 숫자를 포함하며, "초과"와 "미만"의 기산점 또는 기준점인 숫자를 포함하지 않는 것을 뜻한다. 또 "a~b"라 표시한 것은 a 이상 b 이하임을 뜻한다.

④ "바탕시험을 하여 보정한다"라 함은 시료에 대한 처리 및 측정을 할 때, 시료를 사용하지 않고 같은 방법으로 조작한 측정치를 빼는 것을 뜻한다.

⑤ **방울수**라 함은 **20℃에서 정제수 20 방울**을 적하할 때, 그 **부피가 약** 1 mL 되는 것을 뜻한다.

⑥ "항량으로 될 때까지 건조한다"라 함은 같은 조건에서 1 시간 더 건조할 때 전후 무게의 차가 g당 0.3 mg 이하일 때를 말한다.

⑦ 용액의 산성, 중성, 또는 알칼리성을 검사할 때는 따로 규정이 없는 한 유리전극법에 의한 pH미터로 측정하고 구체적으로 표시할 때는 pH 값을 쓴다.

⑧ "용기"라 함은 시험용액 또는 시험에 관계된 물질을 보존, 운반 또는 조작하기 위하여 넣어두는 것으로 시험에 지장을 주지 않도록 깨끗한 것을 뜻한다.

⑨ "**밀폐**용기"라 함은 취급 또는 저장하는 동안에 **이물질이 들어가거나 또는 내용물이 손실되지 아니하도록** 보호하는 용기를 말한다.

⑩ "**기밀**용기"라 함은 취급 또는 저장하는 동안에 **밖으로부터의 공기 또는 다른 가스가 침입하지 아니하도록** 내용물을 보호하는 용기를 말한다.

⑪ "**밀봉**용기"라 함은 취급 또는 저장하는 동안에 **기체 또는 미생물이 침입하지 아니하도록** 내용물을 보호하는 용기를 말한다.

⑫ "차광용기"라 함은 광선이 투과하지 않는 용기 또는 투과하지 않게 포장을 한 용기이며 취급 또는 저장하는 동안에 내용물이 광화학적 변화를 일으키지 아니하도록 방지할 수 있는 용기를 말한다.

⑬ 여과용 기구 및 기기를 기재하지 않고 "여과한다"라고 하는 것은 KSM 7602 **거름종이 5종 A** 또는 이와 동등한 여과지를 사용하여 여과함을 말한다.

⑭ "**정밀히** 단다"라 함은 규정된 양의 시료를 취하여 화학저울 또는 미량저울로 칭량함을 말한다.

⑮ 무게를 "**정확히** 단다"라 함은 규정된 수치의 무게를 0.1 mg까지 다는 것을 말한다.

⑯ "**정확히 취하여**"라 하는 것은 규정한 양의 액체를 **부피피펫**으로 눈금까지 취하는 것을 말한다.

⑰ "약"이라 함은 기재된 양에 대하여 ± 10% 이상의 차가 있어서는 안 된다.

⑱ "냄새가 없다"라고 기재한 것은 냄새가 없거나, 또는 거의 없는 것을 표시하는 것이다.

⑲ 시험에 쓰는 물은 따로 규정이 없는 한 증류수 또는 정제수로 한다.

2장 정도관리

(1) 바탕시료

실험절차, 시약 및 측정 장비 등으로부터 발생하는 오염물질을 확인하기 위함이다.

① 방법바탕시료
시료와 유사한 매질을 선택하여 추출, 농축, 정제 및 분석 과정에 따라 측정한 것이다.

② 시약바탕시료
시료를 사용하지 않고 추출, 농축, 정제 및 분석 과정에 따라 모든 시약과 용매를 처리하여 측정한 것이다.

(2) 검정곡선

분석물질의 농도변화에 따른 지시값을 나타낸 것으로 시료 중 분석 대상 물질의 농도를 포함하도록 범위를 설정하고, 검정곡선 작성용 표준용액은 가급적 시료의 매질과 비슷하게 제조하여야 한다.

1) 검정곡선법

$$y = a_0 + a_1 \cdot x$$

y는 지시값, x는 농도, a_0, a_1는 계수
시료의 농도는 시료의 지시값을 검정곡선식에 대입하여 구한다.

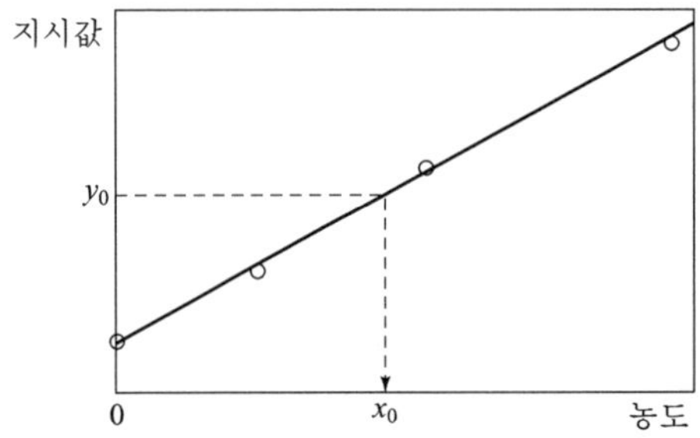

2) 표준물첨가법

시료와 동일한 매질에 일정량의 표준물질을 첨가하여 검정곡선을 작성.
매질효과가 큰 시험 분석 방법에서 분석 대상 시료와 동일한 매질의 표준시료를 확보하지 못한 경우에 매질효과를 보정하여 분석할 수 있는 방법이다.

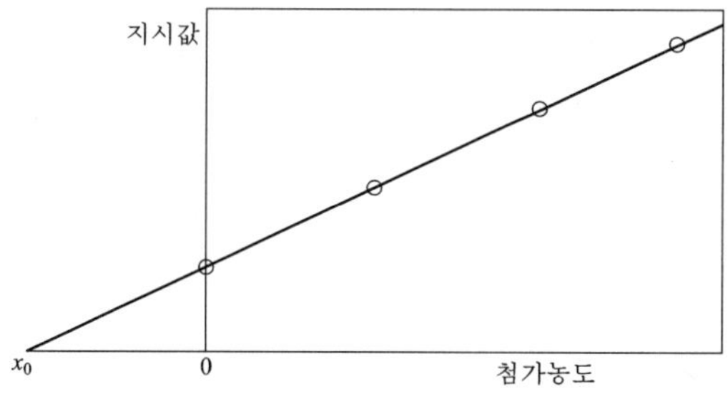

3) 내부표준법

검정곡선 작성용 표준용액과 시료에 동일한 양의 내부표준물질을 첨가하여 시험분석 절차, 기기 또는 시스템의 변동으로 발생하는 오차를 보정하기 위해 사용하는 방법이다. 일반적으로 내부표준물질로는 분석하려는 성분에 동위원소가 치환된 것을 많이 사용한다.

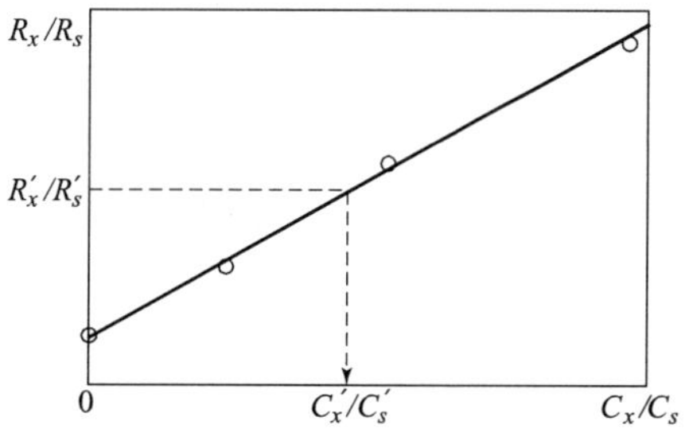

(3) 정밀도

시험분석 결과의 반복성을 나타내는 것으로 반복시험하여 얻은 결과를 상대표준편차(RSD)로 나타내며. 연속적으로 n회 측정한 결과의 평균값($\bar{x}$)과 표준편차(s)로 구한다.

$$정밀도(\%) = \frac{s}{x} \times 100$$

(4) 정확도

① 시험분석 결과가 참값에 얼마나 근접하는가를 나타내는 것으로, 동일한 매질의 인증 시료를 확보할 수 있는 경우에는 표준절차서에 따라 인증표준물질을 분석한 결과값 (C_M)과 인증값(C_C)과의 상대백분율로 구한다.

② 인증시료를 확보할 수 없는 경우에는 해당 표준물질을 첨가하여 시료를 분석한 분석값(C_{AM})과 첨가하지 않은 시료의 분석값((C_S)과의 차이를 첨가 농도(C_A)의 상대백분율 또는 회수율로 구한다.

$$정확도(\%) = \frac{C_M}{C_C} \times 100 = \frac{C_{AM} - C_S}{C_A} \times 100$$

(5) 현장 이중시료

현장 이중시료는 필요시 하루에 20개 이하의 시료를 채취할 경우에는 1개를, 그 이상의 시료를 채취할 때에는 시료 20개당 1개를 추가로 채취하며, 동일한 조건에서 측정한 두 시료의 측정값 차를 두 시료 측정값의 평균값으로 나누어 상대편차백분율로 구한다.

$$상대편차백분율(\%) = \frac{C_2 - C_1}{\bar{x}} \times 100\ \%$$

3장 시료의 채취 및 보존방법

3.1 시료 채취 방법

(1) 배출허용기준 적합여부 판정을 위한 시료채취

배출허용기준 적합여부 판정을 위하여 채취하는 시료는 시료의 성상, 유량, 유속 등의 시간에 따른 변화를 고려하여 현장 물의 성질을 대표할 수 있도록 채취하여야 하며, 복수채취를 원칙으로 한다. 단, 신속한 대응이 필요한 경우 등 복수채취가 불합리한 경우에는 예외로 할 수 있다.

1) 복수시료채취방법 등

① 수동으로 시료를 채취할 경우에는 **30분 이상 간격으로 2회 이상** 채취하여 일정량의 단일시료로 한다. 단, 부득이한 사유로 6시간 이상 간격으로 채취한 시료는 각각 측정분석한 후 산술평균하여 측정분석값을 산출한다.
(2개 이상의 시료를 각각 측정분석한 후 산술평균한 결과 배출허용기준을 초과한 경우의 위반일 적용은 최초 배출허용기준이 초과된 시료의 채취일을 기준으로 한다)

② 자동시료채취기로 시료를 채취할 경우에는 6시간 이내에 30분 이상 간격으로 2회 이상 채취하여 일정량의 단일 시료로 한다.

③ 수소이온농도(pH), 수온 등 현장에서 즉시 측정하여야 하는 항목인 경우에는 30분 이상 간격으로 2회 이상 측정한 후 산술평균하여 측정값을 산출한다.
(단, pH의 경우 2회 이상 측정한 값을 pH 7을 기준으로 산과 알칼리로 구분하여 평균값을 산정하고 산정한 평균값 중 배출허용기준을 많이 초과한 평균값을 측정분석값으로 함)

④ 시안(CN), 노말헥산추출물질, 대장균군 등 시료채취기구 등에 의하여 시료의 성분이 유실 또는 변질 등의 우려가 있는 경우에는 30분 이상 간격으로 2개 이상의 시료를 채취하여 각각 분석한 후 산술평균하여 분석값을 산출한다.
단, 복수시료채취 과정에서 시료성분의 유실 또는 변질 등의 우려가 없는 경우에는 ①의 방법으로 할 수 있다.

2) 복수시료채취방법 적용을 제외할 수 있는 경우

① 환경오염사고 또는 취약시간대(일요일, 공휴일 및 평일 18:00~09:00 등)의 환경오염감시 등 신속한 대응이 필요한 경우 제외할 수 있다.
② 수질 및 수생태계보전에 관한 법률 제38조 제1항의 규정에 의한 비정상적인 행위를 할 경우 제외할 수 있다.
③ 사업장 내에서 발생하는 폐수를 회분식(batch식) 등 간헐적으로 처리하여 방류하는 경우 제외할 수 있다.
④ 기타 부득이 복수시료채취 방법으로 시료를 채취할 수 없을 경우 제외할 수 있다.

(2) 하천수 등 수질조사를 위한 시료채취

시료는 시료의 성상, 유량, 유속 등의 시간에 따른 변화(폐수의 경우 조업상황 등)를 고려하여 현장물의 성질을 대표할 수 있도록 채취하여야 하며, 수질 또는 유량의 변화가 심하다고 판단될 때에는 오염상태를 잘 알 수 있도록 시료의 채취횟수를 늘려야 하며, 이때에는 채취시의 유량에 비례하여 시료를 서로 섞은 다음 단일시료로 한다.

(3) 지하수 수질조사를 위한 시료채취

지하수 침전물로부터 오염을 피하기 위하여 보존 전에 현장에서 여과(0.45μm) 하는 것을 권장한다. 단, 기타 휘발성유기화합물과 민감한 무기화합물질을 함유한 시료는 그대로 보관한다.

3.2 시료채취시 유의사항

① 시료는 목적시료의 성질을 대표할 수 있는 위치에서 시료채취용기 또는 채수기를 사용하여 채취하여야 한다.

② **시료 채취 용기**는 시료를 채우기 전에 **시료로 3회 이상 씻은 다음 사용**하며, 시료를 채울 때에는 어떠한 경우에도 시료의 교란이 일어나서는 안 되며 가능한 한 공기와 접촉하는 시간을 짧게 하여 채취한다.

③ **시료채취량**은 시험항목 및 시험횟수에 따라 차이가 있으나 **보통 3～5 L 정도**이어야 한다. 다만, 시료를 즉시 실험할 수 없어 보존하여야 할 경우 또는 시험항목에 따라 각각 다른 채취용기를 사용하여야 할 경우에는 시료채취량을 적절히 증감할 수 있다.

④ 시료채취시에 시료채취시간, 보존제 사용여부, 매질 등 분석결과에 영향을 미칠 수 있는 사항을 기재하여 분석자가 참고할 수 있도록 한다.

⑤ 용존가스, 환원성 물질, 휘발성유기화합물, 냄새, 유류 및 수소이온 등을 측정하기 위한 시료를 채취할 때에는 운반중 공기와의 접촉이 없도록 시료 용기에 가득 채운 후 빠르게 뚜껑을 닫는다.

· 휘발성유기화합물 분석용 시료를 채취할 때에는 뚜껑의 격막을 만지지 않도록 주의하여야 한다.
· 병을 뒤집어 공기방울이 확인되면 다시 채취해야한다.

⑥ 현장에서 용존산소 측정이 어려운 경우에는 시료를 가득 채운 300 mL BOD병에 황산망간 용액 1 mL와 알칼리성 요오드화칼륨-아자이드화나트륨 용액 1 mL를 넣고 기포가 남지 않게 조심하여 마개를 닫고 수회 병을 회전하고 암소에 보관하여 8시간 이내 측정한다.

⑦ 유류 또는 부유물질 등이 함유된 시료는 시료의 균일성이 유지될 수 있도록 채취해야 하며, 침전물 등이 부상하여 혼입되어서는 안된다.

⑧ 지하수 시료는 취수정 내에 고여 있는 물과 원래 지하수의 성상이 달라질 수 있으므로 고여 있는 물을 충분히 퍼낸 다음 새로 나온 물을 채취한다. 이 경우 퍼내는 양은 고여 있는 물의 4배～5배 정도이나 pH 및 전기전도도를 연속적으로 측정하여 이 값이 평형을 이룰 때까지로 한다.

⑨ **지하수 시료채취** 시 심부층의 경우 **저속양수펌프 등을 이용하여 반드시 저속시료채취**하여 시료 교란을 최소화하여야 하며, 천부층의 경우 저속양수펌프 또는 정량이송펌프 등을 사용한다.

⑩ 냄새 측정을 위한 시료채취 시 유리기구류는 사용 직전에 새로 세척하여 사용한다. 먼저 냄새 없는 세제로 닦은 후 정제수로 닦아 사용하고, 고무 또는 플라스틱 재질의

마개는 사용하지 않는다.

⑪ 총유기탄소를 측정하기 위한 시료 채취 시 시료병은 가능한 외부의 오염이 없어야 하며, 이를 확인하기 위해 바탕시료를 시험해 본다. 시료병은 폴리테트라플루오로에틸렌(PTFE, polytetrafluoroethylene)으로 처리된 고무마개를 사용하며, 암소에서 보관하며 깨끗하지 않은 시료병은 사용하기 전에는 산세척하고, 알루미늄 호일로 포장하여 400℃ 회화로에서 1시간 이상 구워 냉각한 것을 사용한다.

⑫ 퍼클로레이트를 측정하기 위한 시료채취 시 시료 용기를 질산 및 정제수로 씻은 후 사용하며, 시료채취 시 시료병의 2/3를 채운다.

⑬ 저농도 수은(0.0002 mg/L 이하) 시료를 채취하기 위한 시료 용기는 채취 전에 미리 다음과 같이 준비한다. 우선 염산용액(4 M)이나 진한질산을 채워 내산성플라스틱 덮개를 이용하여 오목한부분이 밑에 오도록 덮고 가열판을 이용하여 48시간 동안 65∼75℃가 되도록 한다.(후두에서 실시한다) 실온으로 식힌 후 정제수로 3회 이상 헹구고, 염산용액(1%) 세정수로 다시 채운다. 마개를 막고 60∼70℃ 에서 하루 이상 부식성에 강한 깨끗한 오븐에 보관한다. 실온으로 다시 식힌 후 정제수로 3회 이상 헹구고, 염산용액(0.4%)로 채워서 클린벤치에 넣고 용기 외벽을 완전히 건조시킨다. 건조된 용기를 밀봉하여 폴리에틸렌 지퍼백으로 이중 포장하고 사용시까지 플라스틱이나 목재상자에 넣어 보관한다.

⑭ 다이에틸헥실프탈레이트를 측정하기 위한 시료채취 시 스테인레스강이나 유리 재질의 시료채취기를 사용한다. 플라스틱 시료채취기나 튜브 사용을 피하고 불가피한 경우 시료 채취량의 5배 이상을 흘려보낸 다음 채취하며, 갈색 유리병에 시료를 공간이 없도록 채우고 폴리테트라플루오로에틸렌(PTFE, polytetrafluoroethylene) 마개(또는 알루미늄 호일)나 유리마개로 밀봉한다. 시료병을 미리 시료로 헹구지 않는다.

⑮ 1,4-다이옥산, 염화비닐, 아크릴로나이트릴, 브로모폼을 측정하기 위한 시료용기는 갈색유리병을 사용하고, 사용 전 미리 질산 및 정제수로 씻은 다음, 아세톤으로 세정한 후 120℃에서 2시간 정도 가열한 후 방냉하여 준비한다. 시료에 산을 가하였을 때에 거품이 생기면 그 시료는 버리고 산을 가하지 않은 시료를 채취한다.

⑯ 미생물 시료는 멸균된 용기를 이용하여 무균적으로 채취하여야 하며, 시료채취직전에 물속에서 채수병의 뚜껑을 열고 폴리글로브를 착용하는 등 신체접촉에 의한 오염이 발생하지 않도록 유의하여야 한다.

⑰ 물벼룩 급성 독성을 측정하기 위한 시료용기와 배양용기는 자주 사용하는 경우 내벽에 석회성분이 침적되므로 주기적으로 묽은 염산 용액에 담가 제거한 후 세척하여 사용하고, 농약, 휘발성 유기화합물, 기름 성분이 시험수에 포함된 경우에는 시험 후 시

험용기 세척 시 '뜨거운 비눗물 세척－헹굼－아세톤 세척－헹굼' 과정을 추가한다. 시험수의 유해성이 금속성분에 기인한다고 판단되는 경우, 시험 후 시험용기 세척 시 '묽은 염산(10%) 세척 혹은 질산용액 세척－헹굼' 과정을 추가한다.

⑱ 식물성 플랑크톤을 측정하기 위한 시료 채취 시 플랑크톤 네트(mesh size 25μm)를 이용한 정성채집과, 반돈(Van-Dorn) 채수기 또는 채수병을 이용한 정량 채집을 병행한다. 정성 채집시 플랑크톤 네트는 수평 및 수직으로 수회씩 끌어 채집한다.

⑲ 채취된 시료는 즉시 실험하여야 하며, 그렇지 못한 경우에는 "시료의 보존방법"에 따라 보존하고 규정된 시간 내에 실험하여야 한다.

3.3 시료 채취 지점

(1) 배출시설 등의 폐수

폐수의 성질을 대표할 수 있는 곳에서 채취하며 폐수의 방류수로가 한 지점 이상일 때에는 각 수로별로 채취하여 별개의 시료로 하며 필요에 따라 부지 경계선 외부의 배출구 수로에서도 채취할 수 있다. 시료채취시 우수나 조업목적 이외의 물이 포함되지 말아야 한다.

(2) 하천수

① 하천수의 오염 및 용수의 목적에 따라 채수지점을 선정하며 하천본류와 하전지류가 합류하는 경우에는 그림 1의 합류이전의 각 지점과 합류이후 충분히 혼합된 지점에서 각각 채수한다.

② 하천의 단면에서 수심이 가장 깊은 수면의 지점과 그 지점을 중심으로 하여 좌우로 수면폭을 2등분한 각각의 지점의 수면으로 부터 수심 2 m 미만일 때에는 수심의 $\frac{1}{3}$에서, 수심이 2 m 이상일 때에는 수심의 $\frac{1}{3}$ 및 $\frac{2}{3}$에서 각각 채수한다.(그림 2)

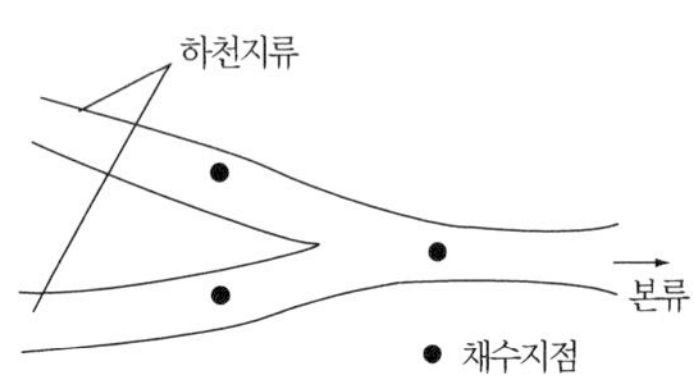

그림 1 하천수 채수지점

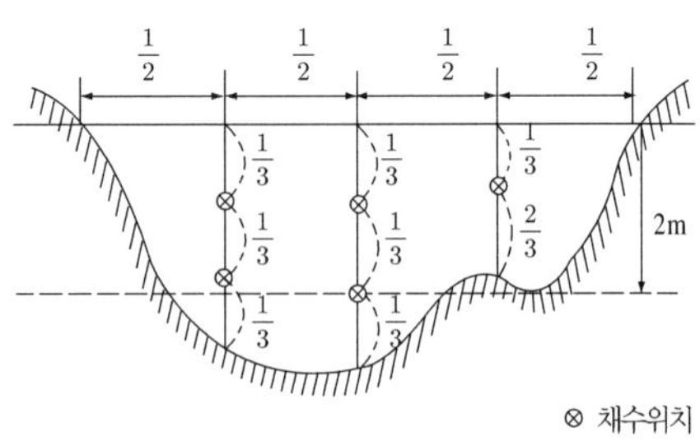

그림 2 하천수 채수위치(단면)

③ 기타 ①, ② 이외의 경우에는 시료채취 목적에 따라 필요하다고 판단되는 지점 및 위치에서 채수한다.

3.4 시료의 보존방법

채취된 시료를 즉시 실험할 수 없을 때에는 따로 규정이 없는 한 표 1의 보존방법에 따라 보존하고 어떠한 경우에도 보존기간 이내에 실험을 끝내야 한다.

표 1. 보존방법

항목		시료용기[1]	보존방법	최대보존기간 (권장보존기간)
냄새		G	가능한 한 즉시 분석 또는 냉장 보관	6시간
노말헥산추출물질		G	4℃ 보관, H_2SO_4로 pH 2 이하	28일
부유물질		P, G	4℃ 보관	7일
색도		P, G	4℃ 보관	48시간
생물화학적 산소요구량		P, G	4℃ 보관	48시간(6시간)
수소이온농도		P, G	–	즉시 측정
온도		P, G	–	즉시 측정
용존산소	적정법	BOD병	즉시 용존산소 고정 후 암소 보관	8시간
	전극법	BOD병	–	즉시 측정
잔류염소		G(갈색)	즉시 분석	–
전기전도도		P, G	4℃ 보관	24시간
총 유기탄소 (용존유기탄소)		P, G	즉시 분석 또는 HCl 또는 H_3PO_4 또는 H_2SO_4를 가한 후($pH < 2$) 4℃ 냉암소에서 보관	28일(7일)
클로로필 a		P, G	즉시 여과하여 여과한 여과지를 알루미늄 호일로 싸서 –20℃ 이하에서 보관한다(상온에서 3시간까지, 냉동 보관시에는 25일까지 가능). 즉시 여과할 수 없다면 시료를 빛이 차단된 암소에서 4℃ 이하로 냉장하여 보관하고 채수 후 24시간 이내에 여과하여야 한다.	7일(24시간)
탁도		P, G	4℃ 냉암소에서 보관	48시간(24시간)
화학적 산소요구량		P, G	4℃ 보관, H_2SO_4로 pH 2이하	28일(7일)
불소		P	–	28일
브롬이온		P, G	–	28일

항목	시료용기[1]	보존방법	최대보존기간(권장보존기간)
시안	P, G	4℃ 보관, NaOH로 pH 12이상 잔류염소가 공존할 경우 시료 1 L 당 아스코르빈산 1 g을 첨가하고, 산화제가 공존할 경우에는 시안을 파괴할 수 있으므로 채수 즉시 이산화비소산나트륨 또는 싸이오황산나트륨을 시료 1 L 당 0.6 g을 첨가한다.	14일(24시간)
아질산성 질소	P, G	4℃ 보관	48시간(즉시)
암모니아성 질소	P, G	4℃ 보관, H_2SO_4로 pH 2이하 잔류염소가 공존할 경우 증류과정에서 암모니아가 산화되어 제거될 수 있으므로 시료채취 즉시 싸이오황산나트륨용액(0.09%)을 첨가한다. (싸이오황산나트륨용액(0.09%) 1 mL를 첨가하면 시료 1 L 중 2 mg 잔류염소를 제거할 수 있다)	28일(7일)
염소이온	P, G	−	28일
음이온계면활성제	P, G	4℃ 보관	48시간
인산염인	P, G	즉시 여과한 후 4℃ 보관	48시간
질산성 질소	P, G	4℃ 보관	48시간
총인(용존 총인)	P, G	4℃ 보관, H_2SO_4로 pH 2이하	28일
총질소(용존 총질소)	P, G	4℃ 보관, H_2SO_4로 pH 2이하	28일(7일)
퍼클로레이트	P, G	6℃ 이하 보관, 현장에서 멸균된 여과지로 여과	28일
페놀류	G	4℃ 보관, H_3PO_4로 pH 4이하 조정한 후 시료 1 L 당 $CuSO_4$ 1g 첨가 시료에 산화제가 공존할 경우 채수 즉시 황산암모늄철용액을 첨가한다.	28일
황산이온	P, G	6℃ 이하 보관	28일(48시간)
금속류(일반)	P, G	시료 1L 당 HNO_3 2 mL 첨가	6개월
6가크롬	P, G	4℃ 보관	**24시간**
알킬수은	P, G	HNO_3 2 mL/L	1개월
비소, 셀레늄	P, G	1 L당 HNO_3 1.5 mL로 pH 2 이하 시료를 pH 2 이하로 조정할 때에는 질산(1+1)을 사용할 수 있으며, 시료가 알칼리화되어 있거나 완충효과가 있다면 첨가하는 산의 양을 질산(1+1) 5 mL까지 늘려야 한다.	6개월

항목	시료용기[1]	보존방법	최대보존기간 (권장보존기간)
수은(0.2 μg/L 이하)	P, G	1 L당 HCl(12 M) 5 mL 첨가 저농도 수은(0.0002 mg/L 이하) 시료는 보관기간 동안 수은이 시료 중의 유기성 물질과 결합하거나 벽면에 흡착될 수 있으므로 가능한 빠른 시간 내 분석하여야 하고, 용기 내 흡착을 최대한 억제하기 위하여 산화제인 브롬산/브롬용액(0.1 N)을 분석하기 24시간 전에 첨가한다.	28일
다이에틸헥실프탈레이트	G(갈색)	4℃ 보관 시료에 잔류염소가 공존할 경우 시료 1 L 당 싸이오황산나트륨을 80 mg 첨가한다.	7일 (추출후 40일)
1.4-다이옥산, 염화비닐, 아크릴로나이트릴, 브로모폼	G(갈색)	HCl(1+1)을 시료 10 mL당 1～2방울씩 가하여 pH 2이하 시료에 잔류염소가 공존할 경우 시료 40 mL(잔류염소 농도 5 mg/L 이하) 당 싸이오황산나트륨 3 mg 또는 아스코르빈산 25 mg을 첨가하거나 시료 1 L 당 염화암모늄 10 mg을 첨가한다.	14일
석유계총탄화수소	G(갈색)	4℃ 보관, H_2SO_4 또는 HCl으로 pH 2 이하	7일 이내 추출, 추출 후 40일
유기인	G	4℃ 보관, HCl로 pH 5～9	7일(추출후 40일)
폴리클로리네이티드 바이페닐(PCB)	G	4℃ 보관, HCl로 pH 5～9	7일(추출후 40일)
휘발성유기화합물	G	냉장보관 또는 HCl을 가해 pH<2로 조정 후 4℃보관 냉암소보관 시료에 잔류염소가 공존할 경우 시료 1 L 당 아스코르빈산 1 g을 첨가한다.	7일(추출후 14일)
총대장균군 · 환경기준적용시료 · 배출허용기준 및 방류수기준적용시료	 P, G P, G	 저온(10℃이하) 저온(10℃이하)	 24시간 6시간
분원성 대장균군, 대장균	P, G	저온(10℃ 이하)	24시간
물벼룩 급성 독성	G	4℃ 보관	36시간
식물성 플랑크톤	P, G	즉시 분석 또는 포르말린용액을 시료의 (3～5) V/V 가하거나 글루타르알데하이드 또는 루골용액을 시료의 (1～2)V/V% 가하여 냉암소보관	6개월

[1] P : polyethylene, G : glass

(1) 측정항목별 시료용기

시료용기	검사항목
BOD병	용존산소
유리병(G)	노말헥산추출물질, 냄새, 페놀류, 유기인, PCB, 휘발성유기화합물, 물벼룩급성독성
갈색유리병	잔류염소, 다이에틸헥실프탈레이트, 1,4-다이옥산, 염화비닐, 아크릴로나이트릴, 브로모폼, 석유계총탄화수소
폴리에틸렌용기(P)	불소

(2) 측정항목별 보존방법

시료용기	검사항목
4℃ 보관	부유물질, 색도, BOD, 전기전도도, 아질산성질소, 음이온계면활성제, 질산성질소, 6가크롬, 다이에틸헥실프탈레이트, 물벼룩급성독성
4℃ 보관(즉시여과후)	인산염인
4℃ 보관 H_2SO_4로 pH 2 이하	노말헥산추출물질, COD, 암모니아성질소, 총인, 총질소, 석유계총탄화수소
4℃ 보관 H_3PO_4로 pH 4이하 조정 후 시료 1 L 당 $CuSO_4$ 1g 첨가	페놀류
4℃ 보관, HCl로 pH 5～9	유기인, PCB
4℃ 보관, NaOH로 pH 12이상	시안

4장 공장폐수 및 하수유량-관내

(1) 폐수처리 공정에서 유량측정장치의 적용

장치	공장폐수 원수	1차 처리수	2차 처리수	1차 슬러지	반송 슬러지	농축 슬러지	포기액	공정수
벤튜리미터	○	○	○	○	○	○	○	
유량측정용 노즐	○	○	○	○	○	○	○	○
오리피스								○
피토우관								○
자기식 유량측정기	○	○	○	○	○	○		○

(2) 유량계 종류 및 특성

1) 벤튜리미터(venturi meter)

① 긴 관의 일부로, 단면이 작은 목(throat)부분과 점점 축소, 점점 확대되는 단면을 가짐

② 축소부분에서 정력학적 수두의 일부는 속도수두로 변하게 되어 관의 목(throat)부분의 정력학적 수두보다 적게 된다. 이 수두 차를 이용하여 유량을 계산한다.

③ 최대유속과 최소유속의 비율 － 4 : 1

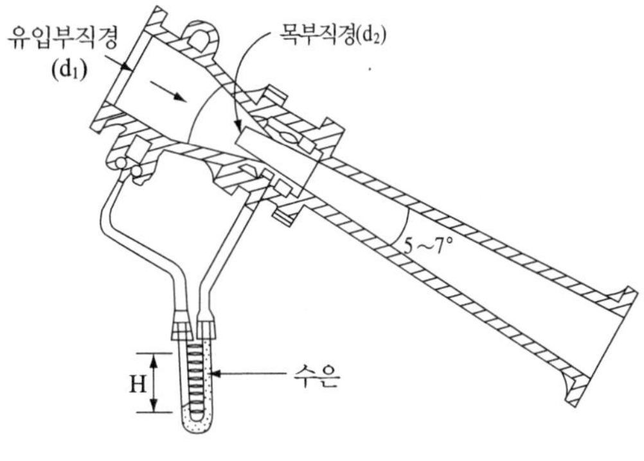

그림 1. 벤튜리미터

2) 유량측정용 노즐(nozzle)

① 벤튜리미터와 오리피스 간의 특성을 고려하여 만든 유량측정용 기구
② 정수압이 유속으로 변화하는 원리를 이용한 것이다. 그러므로 벤튜리미터의 유량 공식을 노즐에도 이용할 수 있다.(그림 2)
③ 최대유속과 최소유속의 비율 − 4 : 1

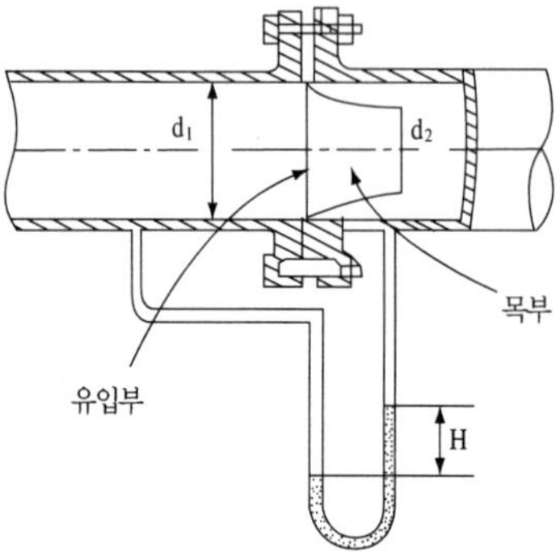

그림 2. 유량측정용 노즐

3) 오리피스(orifice)

① 설치에 비용이 적게 들고 비교적 유량측정이 정확
② 장점은 단면이 축소되는 목(throat)부분을 조절함으로써 유량이 조절이 가능
③ 단점은 오리피스 단면에서 커다란 수두손실이 일어난다.(그림 3)
④ 최대유속과 최소유속의 비율 − 4 : 1

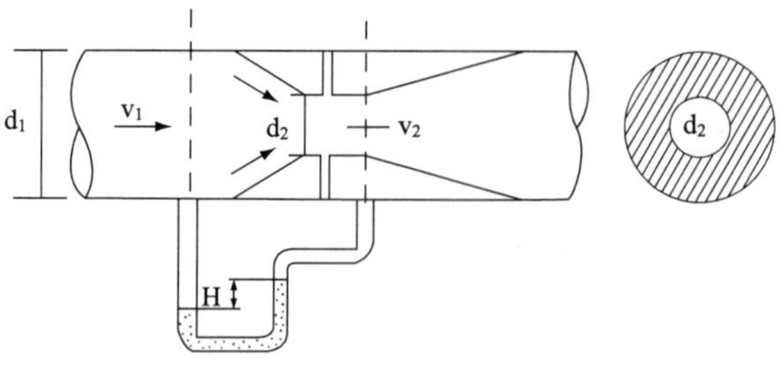

그림 3. 오리피스

4) 피토우(pitot)관

① 유속은 마노미터에 나타나는 수두 차에 의하여 계산한다.

② 반드시 일직선상의 관에서 측정

③ 관의 설치장소는 엘보우(elbow), 티(tee) 등 관이 변화하는 지점으로부터 최소한 관 지름의 15배~50배 정도 떨어진 지점이어야 한다.(그림 4)

④ 최대유속과 최소유속의 비율 – 3 : 1

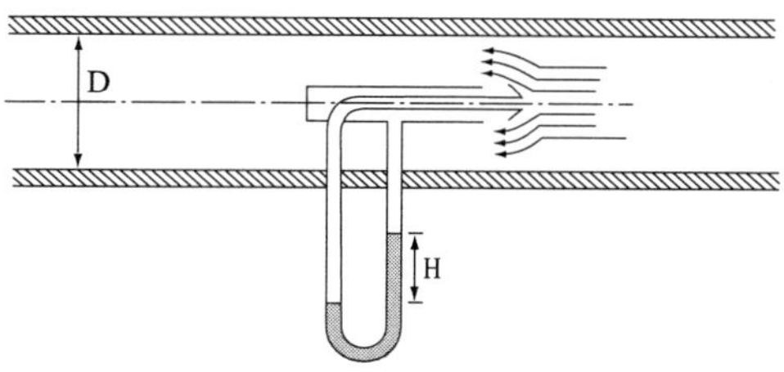

그림 4. 피토우(Pitot)관

5) 자기식 유량측정기(magnetic flow meter)

① 측정원리 : 패러데이(faraday)의 법칙을 이용하여 자장의 직각에서 전도체를 이동시킬 때 유발되는 전압은 전도체의 속도에 비례한다는 원리

② 전도체는 폐·하수가 되며, 전도체의 속도는 유속이 된다.

③ 하폐수의 활성도, 탁도, 점성, 온도의 영향을 받지 않고 다만 유체(폐·하수)의 유속에 의하여 결정되며 수두손실이 적다.(그림 5)

④ 최대유속과 최소유속의 비율 – 10 : 1

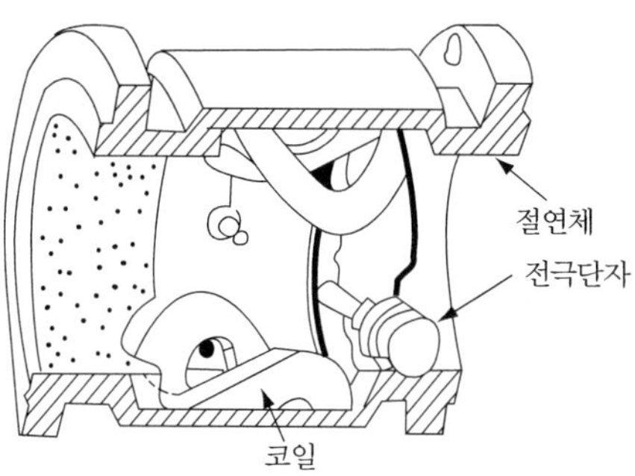

그림 5. 자기식 유량측정기

(3) 측정공식

1) 벤튜리미터, 유량측정 노즐, 오리피스

$$Q = \frac{C \cdot A}{\sqrt{1-\left[\frac{d_2}{d_1}\right]^4}} \sqrt{2g \cdot H} \qquad (식\ 1)$$

Q : 유량(cm^3/sec)

C : 유량계수

A : 목(throat)부분의 단면적(cm^2) $\left[= \frac{\pi d_2^2}{4}\right]$

H : $H_1 - H_2$(수두차 : cm)

H_1 : 유입부 관 중심부에서의 수두(cm)

H_2 : 목(throat)부의 수두(cm)

g : 중력가속도(980 cm/sec^2)

d_1 : 유입부의 직경(cm)

d_2 : 목(throat)부 직경(cm)

2) 피토우관

$$Q = C \cdot A \cdot V \qquad (식\ 2)$$

Q : 유량(cm^3/sec)

C : 유량계수

A : 관의 유수단면적(cm^2) $\left[= \frac{\pi D^2}{4}\right]$

V : $\sqrt{2g \cdot H}$ (cm/sec)

H : $H_s - H_o$ (수두차 : cm)

g : 중력가속도(980 cm/sec^2)

H_s : 정체압력 수두(cm)

H_o : 정수압 수두(cm)

D : 관의 직경(cm)

3) 자기식 유량측정기

연속 방정식을 이용하여 유량을 측정한다.

$$Q = C \cdot A \cdot V \qquad (식\ 3)$$

C : 유량계수

V : 유속$\left[= \frac{E}{B \cdot D} 10^6\right]$ (m/sec)

A : 관의 유수단면적(m^2)

E : 기전력, B : 자속밀도(GAUS), D : 관경(m)

5장 공장폐수 및 하수유량-측정용 수로

5.1 웨어

(1) 웨어판의 특성

① 웨어판의 재료는 3 mm 이상의 두께를 갖는 내구성이 강한 철판으로 한다.

② 웨어판 안측의 가장자리는 직선이어야 하며, 그 귀퉁이는 날카롭거나 둥글지 않게 줄로 다듬는다.

③ 웨어판의 내면은 평면이어야 하며, 특히 가장자리로 부터 100 mm 이내는 될수록 매끄럽게 다듬는다.

④ 웨어판은 유수의 수압에 의하여 바깥쪽으로 굽지 않도록 웨어판 바깥면의 절단 하부점(직각 3각 웨어), 절단 하부 모서리(4각 웨어)로 부터 30 cm 이상 떨어져서 보강재를 붙인다.

⑤ 직각 3각 웨어의 절단은 절단각도를 90°로 하고 그 2등분선은 수직이며, 또한 수로폭의 중앙에 위치하도록 붙인다.

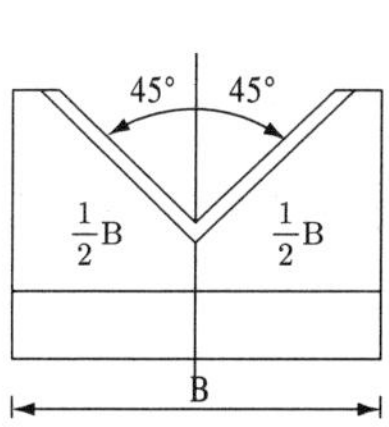

그림 1. 직각 3각웨어의 절단

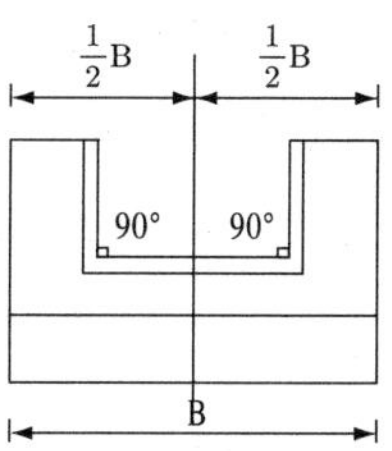

그림 2. 4각웨어의 절단

(2) 직각 3각 웨어

$$Q = K \cdot h^{5/2}$$

Q : **유량(m^3/분)**

K : 유량계수 $= 81.2 + \dfrac{0.24}{h} + \left[8.4 + \dfrac{12}{\sqrt{D}}\right] \times \left[\dfrac{h}{B} - 0.09\right]^2$

B : 수로의 폭(m)
D : 수로의 밑면으로부터 절단 하부점까지의 높이(m)
h : 웨어의 수두(m)

(3) 4각 웨어

$$Q = K \cdot b \cdot h^{3/2}$$

Q : 유량(m^3/분)
K : 유량계수 $= 107.1 + \frac{0.177}{h} + 14.2\frac{h}{D} - 25.7 \times \sqrt{\frac{(B-b)\ h}{D \cdot B}} + 2.04\sqrt{\frac{B}{D}}$
D : 수로의 밑면으로부터 절단 하부 모서리까지의 높이(m)
B : 수로의 폭(m)
b : 절단의 폭(m)
h : 웨어의 수두(m)

5.2 파샬수로(parshall flume)

(1) 특성

① 수두차가 작아도 유량측정의 정확도가 양호
② 측정하려는 폐하수중에 부유물질 또는 토사 등이 많이 섞여 있는 경우에도 목(throat) 부분에서의 유속이 상당히 빠르므로 부유물질의 침전이 적고 자연유하가 가능하다.

(2) 유량측정 공식(경험식)

목(throat)폭	적용공식
W = 7.6 cm	$q = 0.143\ Ha^{1.55}$ (L/초)
W = 15.2 cm	$q = 0.264\ Ha^{1.58}$ (L/초)
W = 22.86 cm	$q = 0.466\ Ha^{1.53}$ (L/초)
W = 30.48cm~243.84cm	$q = 0.964\ Ha^{1.52}$ (L/초)

Ha : 상류부의 수위(cm)　　q : L/초

5.3 용기에 의한 측정

(1) 최대 유량이 1 m^3/분 미만인 경우

① 유수를 용기에 받아서 측정한다.

② 용기는 용량 100 L~200 L인 것을 사용하여 유수를 채우는 데에 요하는 시간을 스톱워치(stop watch)로 잰다.

③ 용기에 물을 받아 넣는 시간을 20초 이상이 되도록 용량을 결정한다.

④ 계산식

$$Q = 60\frac{V}{t}$$

여기서, Q : 유량(m^3/분)

V : 측정용기의 용량(m^3)

t : 유수가 용량 V를 채우는 데에 걸린 시간(s)

(2) 최대유량 1 m^3/분 이상인 경우

① 용기대신 침전지, 저수지 기타 적당한 수조(水槽)를 이용한다.

② 수조가 작은 경우는 한번 수조를 비우고서 유수가 수조를 채우는 데 걸리는 시간으로부터 최대유량이 1 m^3/분 미만인 경우와 동일한 방법으로 유량을 구한다.

③ 수조가 큰 경우는 유입시간에 있어서 유수의 부피는 상승한 수위와 상승 수면의 평균표면적(平均表面積)의 계측에 의하여 유량을 산출한다.

이 경우 측정시간은 5분 정도, 수위의 상승속도는 적어도 매분 1 cm 이상이어야 한다.

5.4 개수로에 의한 측정

① 수로의 구성재질과 수로 단면의 형상이 일정하고 수로의 길이가 적어도 10 m까지 똑바른 경우

② 직선 수로의 구배와 횡단면을 측정하고 이어서 자(尺)등으로 수로폭간의 수위를 측정한다.

③ 평균유속은 케이지(Chezy)의 유속공식에 의한다.

$$Q = 60 \cdot V \cdot A$$

Q : 유량(m^3/분)
V : 평균유속($= C\sqrt{Ri}$) (m/초)
A : 유수단면적(m^2)
i : 홈 바닥의 구배(비율)
C : 유속계수 $= \dfrac{87}{1+\dfrac{r}{\sqrt{R}}}$ (m/s)
R : 경심 유수 단면적 A를 윤변(潤邊) S로 나눈 것(m)

경심 $R = A/S$

장방형(長方形)일 때	제형(梯形)일 때
$A = B \cdot h$	$A = \dfrac{h\ (B_1 + B_2)}{2}$
$S = B + 2h$	$S = B_2 + 2b$
$B = \dfrac{B\ h}{B + 2h}$	$R = \dfrac{h\ (B_1 + B_2)}{2\ (B_2 + 2b)}$

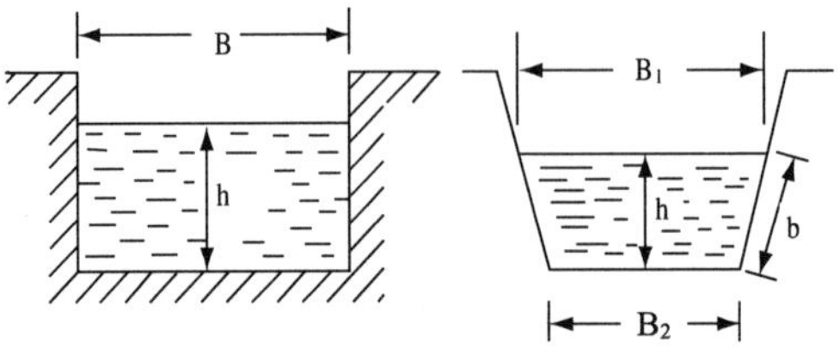

개수로의 형태

6장 하천유량-유속면적법

① 유황(流況)이 일정하고 하상의 상태가 고른 지점을 선정한다.

② 물이 흐르는 방향과 직각이 되도록 하천의 양끝을 로프로 고정하고 등 간격으로 측정점을 정한다.

③ 그림 1과 같이 통수단면을 여러 개로 소 구간 단면으로 나누어 각 소 구간 마다 수심 및 유속계로 1~2개의 점 유속을 측정한다.

④ 소 구간 단면의 평균유속 및 단면적을 구한다. 이 평균 유속에 소 구간 단면적을 곱하여 소 구간 유량(q_m)으로 한다.

⑤ 소구간 단면에 있어서 평균유속 V_m은 수심 0.4 m를 기준으로 다음과 같이 구한다.

(가) 수심이 0.4 m 미만일 때 $V_m = V_{0.6}$

(나) 수심이 0.4 m 이상일 때 $V_m = (V_{0.2} + V_{0.8}) \times 1/2$

$V_{0.2}$, $V_{0.6}$, $V_{0.8}$은 각각 수면으로부터 전 수심의 20%, 60% 및 80%인 점의 유속이다.

$$Q = q_1 + q_2 + \cdots + q_m$$

Q : 총 유량
q_m : 소구간 유량
V_m : 소구간 평균 유속

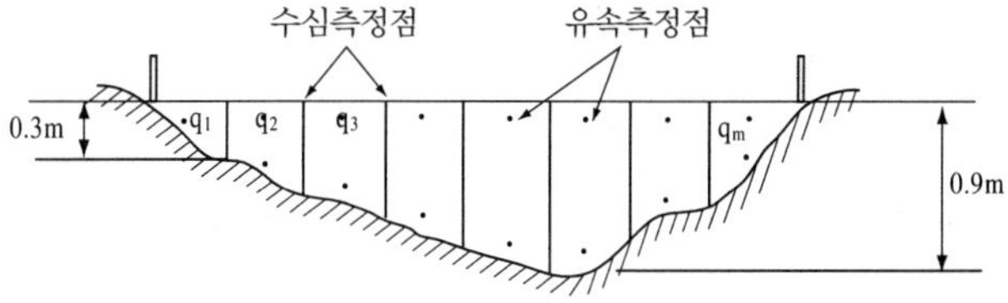

그림 1. 유속 – 면적법에 의한 유량측정방법

7장 시료의 전처리 방법

채취된 시료에는 보통 유기물 및 부유물질 등을 함유하고 있어 탁하거나 색상을 띠고 있는 경우가 있을 뿐 만 아니라 목적성분들이 흡착되어 있거나 난분해성의 착화합물 또는 착이온 상태로 존재하는 경우가 있기 때문에 실험의 목적에 따라 적당한 방법으로 전처리를 한 다음 실험하여야 한다. 특히 금속성분을 측정하기 위한 시료일 경우에는 유기물 등을 분해시킬 수 있는 전처리 조작이 필수적이며, 전처리에 사용되는 시약은 목적성분을 함유하지 않은 고순도의 것을 사용하여야 한다.

무색투명한 탁도 1 NTU 이하인 시료의 경우 전처리 과정을 생략하고, pH 2 이하로 (시료 1 L 당 진한질산 1～3 mL를 첨가)하여 분석용 시료로 한다.

7.1 산분해법

시료에 산을 첨가하고 가열하여 시료 중의 유기물 및 방해물질을 제거하는 방법이다. 이 과정에서 시료 중의 유기물 및 방해물질은 산에 의해 분해되고 이들과 착화합물을 형성하고 있던 중금속류는 이온 상태로 시료 중에 존재하게 된다.

(1) 질산법

① **유기함량이 비교적 높지 않은 시료**의 전처리에 사용한다.

② 시료 100 mL 이상 취하여 플라스크 또는 비커에 넣고 질산 5 mL와 끓임쪽 4～5개를 넣은 다음 서서히 가열하여 액량이 10～20 mL가 될 때까지 증발농축하고 방치하여 냉각한다. 시료색이 맑아질 때까지 질산을 추가하여 증발 농축하는 과정을 반복한다. 이 때, 시료가 완전히 건조되지 않도록 한다.

· 비커 사용 시 시계접시로 뚜껑을 덮는다.

③ 걸러내어 거름종이를 정제수로 2회～3회 씻어주고 여과액과 씻은 액을 100 mL 부피플라스크에 넣어 정확히 100 mL로 한다.

· 반드시 거를 필요는 없으나 가능한 권장한다.

(2) 질산-염산법

① **유기물 함량이 비교적 높지 않고 금속의 수산화물, 산화물, 인산염 및 황화물을 함유하고 있는 시료**에 적용되며 휘발성 또는 난용성 염화물을 생성하는 금속 물질의 분석에는 주의한다.

② 시료 적당량(100～500 mL)을 취하여 비커에 넣고 질산 3 mL와 끓임쪽 4～5개를 넣은 다음 서서히 가열하여 액량이 약 5 mL가 될 때까지 증발 농축하고 냉각한다.

③ 다시 진한질산 5 mL를 넣고 시계접시로 비커를 덮은 상태에서 서서히 가열하여 액이 거의 건고되는 부근까지 증발농축하고 방치하여 냉각한다. 여기에 염산(1+1) 10 mL와 정제수 15 mL를 넣고 약 15분간 가열하여 잔류물을 녹인 다음 시계접시와 비커의 벽을 정제수로 씻어서 합한다.

④ 필요하면 거르고 거름종이를 정제수로 2회～3회 씻은 다음 여과액과 씻은 액을 합하여 정확히 100 mL로 한다.

(3) 질산-황산법

① **유기물 등을 많이 함유하고 있는 대부분의 시료**에 적용된다. 그러나 칼슘, 바륨, 납 등을 다량 함유한 시료는 난용성의 황산염을 생성하여 다른 금속성분을 흡착하므로 주의한다.

② 시료 적당량(100～500 mL)을 취하여 비커 또는 킬달플라스크에 넣고 여기에 질산 5 mL와 끓임쪽 4～5개를 넣은 다음 서서히 가열하여 액량이 15～20 mL가 될 때까지 증발농축하고 냉각한다.

③ 질산 5 mL를 넣고 서서히 가열하고 냉각한다.

④ 다시 황산 10 mL를 넣고 가열을 계속하여 백색의 황산가스가 발생하기 시작하면 가열을 중지한다.

⑤ 이 때 유기물의 분해가 완전히 끝나지 않아 액이 맑지 않을 때에는 다시 질산 10 mL를 넣고 황산가스가 나올 때까지 가열한다.

⑥ 분해가 끝나면 냉각하고, 정제수 50 mL를 넣어 끓기 직전까지 서서히 가열하여 침전된 용해성염들을 녹인다.

⑦ 다시 냉각하여 필요하면 거르고 거름종이를 정제수로 2～3회 씻어준 다음 여과액과 씻은 액을 합하여 정확히 100 mL로 한다.

(4) 질산-과염소산법

① **유기물을 다량 함유하고 있으면서 산분해가 어려운 시료**에 적용된다.

② 시료 적당량(100～500 mL)을 취하여 비커 또는 킬달플라스크에 넣고 여기에 질산 5 mL와 끓임쪽 4～5개를 넣은 다음 서서히 가열하여 액량이 15～20 mL가 될 때까지 증발농축하고 냉각한다.

③ 질산 5 mL를 넣고 가열 후 냉각한다.

④ 다시 과염소산 10 mL를 넣고 가열을 계속하여 과염소산이 분해되어 백연이 발생하기 시작하면 가열을 중지한다.

· 과염소산을 넣을 경우 질산이 공존하지 않으면 폭발할 위험이 있으므로 **반드시 질산을 먼저 넣어주어야 하며**, 어떠한 경우에도 유기물을 함유한 뜨거운 용액에 과염소산을 넣어서는 안 된다.

⑤ 이 때 유기물의 분해가 완전히 끝나지 않아 액이 맑지 않을 때에는 다시 질산 5 mL를 넣고 가열을 반복한다.

· 납을 측정할 경우, 시료 중에 황산이온(SO_4^{2-})이 다량 존재하면 불용성의 황산납이 생성되어 측정값에 손실을 가져온다. 이때는 분해가 끝난 액에 정제수 대신 아세트산암모늄(5 → 6) 50 mL를 넣고 가열하여 액이 끓기 시작하면 비커 또는 킬달플라스크를 회전시켜 내벽을 액으로 충분히 씻어준 다음 약 5분 동안 가열을 계속하고 방치하여 냉각하여 거른다.

⑥ 분해가 끝나면 냉각하고 정제수 50 mL를 넣어 서서히 끓이면서 질산화물 및 유리염소를 완전히 제거한다. 필요하면 여과하고 거름종이를 정제수로 2회～3회 씻어준 다음 여과액과 씻은 액을 합하여 정확히 100 mL로 한다.

(5) 질산-과염소산-불화수소산

① 이 방법은 **다량의 점토질 또는 규산염을 함유한 시료**에 적용된다. 시료 적당량(100～500 mL)를 취하여 비커에 넣고 여기에 유리구 4～5개를 넣은 다음 서서히 가열하여 액량이 약 15 mL가 될 때까지 증발 농축하고 냉각한다.

② 비커에 있는 액을 폴리테트라플루오로에틸렌(PTFE, polytetrafluoroethylene) 비커 또는 백금도가니에 옮기고 비커의 기벽에 붙어있는 부착물을 물로 깨끗이 씻어 합한 다음 질산 10 mL를 넣어 거의 액이 건고 할 때까지 가열하고 냉각한다.

③ 과염소산 5 mL와 불화수소산 1 mL를 넣고 가열을 계속하여 과염소산의 백연이 발생하면 가열을 중지하고 냉각한다. 여기에 물 50 mL를 넣고 이하 "(4) 질산-과염소산"에 따라 시험한다.

7.2 마이크로파 산분해법

마이크로파를 이용하여 시료를 가열할 경우 고온 고압 하에서 조작할 수 있어 전처리 효율이 좋아진다.

① 밀폐 용기를 이용한 마이크로파 장치에 의한 방법에 적용되는 방법이다.
② 깨끗한 용기에 잘 혼합된 시료 적당량을 옮긴 후 적당량의 질산을 가한다. 이 방법은 유기물을 다량 함유하고 있으면서 산분해가 어려운 시료에 적용된다.
③ 시료와 동일한 방법으로 바탕시험을 하며 전체 회전판의 평형을 맞추기 위하여 남은 용기에도 시료와 동일하게 정제수에 시약을 가하여 용기가 모든 일정하게 가열이 되도록 한다. 기타 전처리 조건은 제조사의 매뉴얼에 따른다.
④ 분해가 완료되면 용기를 꺼내어 시료 용액이 실온이 되도록 냉각시키고 시료를 혼합시키기 위해 용기를 잘 흔들어 섞고 용기 내에 남아 있는 가스를 제거한다. 분해된 시료가 고체 물질을 함유한다면 거르거나, 10분간 2,000～3,000 rpm으로 원심 분리하여 거르거나 정치시켜 사용한다.

7.3 회화에 의한 분해

① 목적성분이 400℃ 이상에서 휘산되지 않고 쉽게 회화될 수 있는 시료에 적용된다. 시료중에 염화암모늄, 염화마그네슘 등이 다량 함유된 경우에는 납, 철, 주석, 아연, 안티몬 등이 휘산되어 손실을 가져오므로 주의하여야 한다.
② 시료 적당량(100～500 mL)을 취하여 백금, 실리카 또는 자제증발접시에 넣고 물중탕 또는 열판에서 가열하여 증발건고 한다. 용기를 회화로에 옮기고 400～500℃에서 가열하여 잔류물을 회화시킨 다음 냉각하고 염산(1+1) 10 mL를 넣어 열판에서 가열한다.
③ 잔류물이 녹으면 온수 20 mL를 넣고 여과하여 거름종이를 온수로 3회 씻어준 다음 여액과 씻은 액을 합하고 물을 넣어 정확히 100 mL로 한다.

7.4 용매추출법

원자흡수분광광도법을 사용한 분석 시 측정에 방해하는 성분이 공존할 경우 방해물질을 제거하기 위한 목적으로 사용된다. 시료에 적당한 착화제를 첨가하여 시료 중의 금속류와 착화합물을 형성시킨 다음 형성된 착화합물을 유기용매로 추출하여 분석하는 방법이다.

(1) 다이에틸다이싸이오카바민산 추출법

① 수질 시료 중 구리, 아연, 납, 카드뮴 및 니켈의 측정에 적용된다.

② 시료 500 mL(또는 산분해한 시료의 일정량)를 비커에 넣고 염산 10 mL를 넣어 약 5분간 끓이고 방치하여 냉각한 다음 분별깔때기에 옮긴다.

③ 사이트르산이암모늄용액(10%) 10 mL와 지시약으로서 메타크레졸퍼플 에틸알코올용액(0.1%) 2방울~3방울을 넣고 용액이 자색을 나타낼 때까지 암모니아수(1+1)를 넣는다.

· Fe, Al, Ca 등은 묽은 알칼리성에서 수산화물을 생성하므로 이를 방지하기 위하여 침전방지제로 사이트르산이암모늄용액을 가한다.

④ 다이에틸다이싸이오카르바민산 나트륨용액(1%) 5 mL를 넣고 흔들어 섞은 다음 아세트산부틸 또는 메틸아이소부틸케톤 10~20 mL를 넣어 1분간 세게 흔들어 섞고 정치하여 유기용매층(윗층)을 분리한다.

· sodium diethyl dithio carbamate는 Cu, Zn, Ni, Co, Fe 등의 중금속과 착염을 생성하여, 유기용매에 용해되어 추출이 가능해진다.

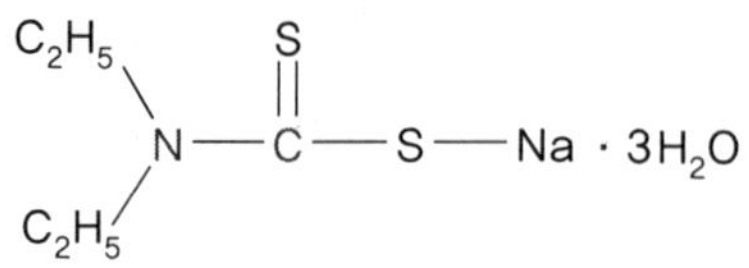

⑤ 수층에 다시 용매 5 mL씩을 넣어 2회~3회 반복 추출하고 유기용매층을 합한다.

⑥ 분리한 유기용매층을 100 mL 비커에 옮겨 열판 또는 물중탕으로 조용히 휘산시키고 여기에 질산 2 mL와 과염소산 1 mL를 넣어 가열 분해시킨다.

⑦ 맑은 색으로 분해가 끝나면 남은 액을 거의 증발시키고 냉각하여 잔류물을 질산(1+15) 20 mL에 녹여 분석용 시료로 한다. 단, 자외선/가시선 분광법에 따라 즉시 측정

할 경우에는 일정량의 용매를 넣어 추출한 다음 분리된 용매 자체를 분석용 시료로 하여 직접 측정할 수 있다.

(2) 디티존-메틸아이소부틸케톤 추출법

① 시료 중 구리, 아연, 납, 카드뮴, 니켈 및 코발트 등의 측정에 적용된다.

② 시료 500 mL(또는 산분해한 시료 일정량)를 비커에 넣고 염산 5 mL를 넣어 약 5분간 끓이고 방치하여 냉각한 다음 타타르산암모늄용액(10%) 10~20 mL를 넣고 암모니아수 또는 염산(1+50)을 넣어 pH 약 8.5로 조절한다.

③ 이 용액을 분별깔때기에 옮기고 정제수를 넣어 액량을 조절한 다음 디티존-메틸아이소부틸케톤용액(0.2%) 20~50 mL를 정확히 넣어 약 2분간 세게 흔들어 섞고 정치하여 수층(아래층)을 버린다.

· dithiazone (diphenyl thiocarbazone)은 Mn, Fe, Co, Ni, Cu, Zn, Pb, Ag, Cd, In, Sn, Pt, Au, Hg, Bi와 결합하여 착염을 생성하고 유기용매에 용해된다.

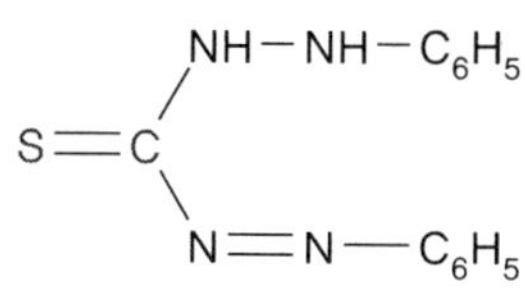

④ 유기용매층을 건조 거름종이에 걸러내어 여과액을 시험용으로 하고 즉시 측정한다. 즉시 측정이 불가능할 경우에는 "(1) 다이에틸다이싸이오카바민산법"에 따라 시험하여 수용액 상태로 한다.

(3) 디티존-사염화탄소 추출법

① 시료 중 아연, 납, 카드뮴 등의 측정에 적용된다.

② 시료 500 mL(또는 산분해한 시료 일정량)을 비커에 넣고 염산 10 mL를 넣어 약 5분간 끓이고 방치하여 냉각한 다음 분별깔때기에 옮긴다.

③ 사이트르산이암모늄용액(10%) 10 mL와 염산하이드록실아민용액(10%) 2 mL 및 지시약으로 티몰 블루 · 에틸알코올용액(0.1%) 2방울~3방울을 넣고 용액이 청색을 나타낼 때까지 암모니아수(1+1)를 넣는다.

④ 다시 암모니아수(1+1) 5 mL와 디티존 · 사염화탄소용액(0.01%) 10 mL를 넣어 약 2분간 세게 흔들어 섞고 정치하여 용매층(아래층)을 다른 분별깔때기에 옮긴다.

⑤ 수층에 디티존·사염화탄소용액(0.01%) 5 mL씩을 넣어 사염화탄소 층이 변색되지 않을 때까지 추출을 반복하고 용매층을 앞의 분별깔때기에 합한다.
⑥ 용매 층에 암모니아수(1+100) 20 mL를 넣고 흔들어 섞어서 씻어주고 용매 층을 다른 분별깔때기에 옮긴다.
⑦ 용매 층에 염산(1+50) 10 mL를 넣어 약 2분간 세게 흔들어 역추출하고 다시 용매 층에 염산(1+50) 5 mL씩을 넣어 같은 방법으로 2회 역추출하여 수층을 250 mL 부피플라스크에 합한다.
⑧ 정제수를 넣어 표선을 채우고 분석용 시료로 한다. 이 때 사염화탄소 층을 분리하여 구리, 니켈 및 코발트 측정용 시료로 사용할 수도 있다.

(4) 피롤리딘 다이싸이오카르바민산 암모늄 추출법

① 시료 중 구리, 아연, 납, 카드뮴, 니켈, 철, 망간, 6가 크롬, 코발트 및 은 등의 측정에 적용된다. 다만 망간은 착화합물 상태에서 매우 불안정하므로 추출 즉시 측정하여야 하며, 크롬은 6가 크롬 상태로 존재할 경우에만 추출된다. 또한 철의 농도가 높을 경우에는 다른 금속의 추출에 방해를 줄 수 있으므로 주의해야 한다.
② 시료 500 mL(또는 산분해한 시료 일정량)를 분별깔때기에 넣고 지시약으로 브로모페놀블루·에틸알코올용액(0.1%) 2방울~3방울을 넣고 청색이 지속될 때까지 암모니아수(1+1)를 넣은 다음 다시 청색이 보이지 않을 때까지 염산(1+4)을 한 방울씩 넣고 추가로 2 mL를 더 넣는다(이 때, pH는 2.3~2.5이며 지시약 대신 pH측정기를 사용할 수도 있다).
③ 피롤리딘다이싸이오카르바민산암모늄용액(2%) 5 mL를 넣어 흔들어 섞고 메틸아이소부틸케톤 10~20 mL를 정확히 넣어 약 2분간 세게 흔들어 섞는다. 정치한 다음 메틸아이소부틸케톤층을 분리하여 분석용 시료로 하고 즉시 원자흡수분광광도법에 따라 측정한다.

· Ammonium pyrrolidine dithio carbamate은 Cd, Cr, Co, Cu, Fe, Pb, Mg, Ni, Ag와 결합하여 착염을 생성하고 유기용매에 용해된다.

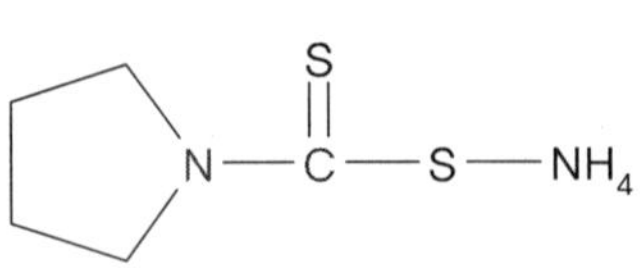

7.5 금속류 분석에서의 일반적인 주의사항

금속의 미량분석에서는 유리기구, 정제수 및 거름종이에서의 금속 오염을 방지하는 것이 중요하다. 사용하는 시약에서도 오염이 되므로 고순도 시약등급을 사용하며 특히 산처리와 농축과정 중에 오염이 될 수 있으므로 바탕실험을 통해 오염여부를 잘 평가해야 한다. 분석실험실은 일반적으로 산을 이용한 전처리 및 가열 농축과정에서 발생하는 유독기체를 배출시킬 수 있는 환기시설(후드 등)이 갖추어져 있어야 한다.

8장 자외선/가시선 분광법

8.1 기본 이론

① 자외선/가시선 분광법은 빛이 시료용액중을 통과할 때 흡수나 산란 등에 의하여 강도가 변화하는 것을 이용한다.

② 시료물질의 용액 또는 여기에 적당한 시약을 넣어 발색시킨 용액의 흡광도를 측정하여 시료 중의 목적성분을 정량하는 방법으로 파장 200~900 nm에서의 액체의 흡광도를 측정함으로써 수중의 각종 오염물질 분석에 적용한다.

③ 강도 I_o의 단색광선이 농도 C, 길이 l인 용액층을 통과하면 이 용액에 빛이 흡수되어 입사광의 강도가 감소한다. 통과한 직후의 빛의 강도 I_t와 I_o 사이에는 램버어트-비어(Lambert-Beer)의 법칙에 의하여 다음의 관계가 성립된다.

$$I_t = I_o \cdot 10^{-\epsilon Cl}$$

여기서, ϵ는 흡광계수이다. I_t와 I_o의 관계에서 $I_t/I_o = t$를 투과도라 하며, 이 투과도를 백분율로 표시한 것, $t \times 100 = T$를 투과 퍼센트라 하고 투과도의 역수의 상용대수, $\log(1/t) = A$를 흡광도라 한다.

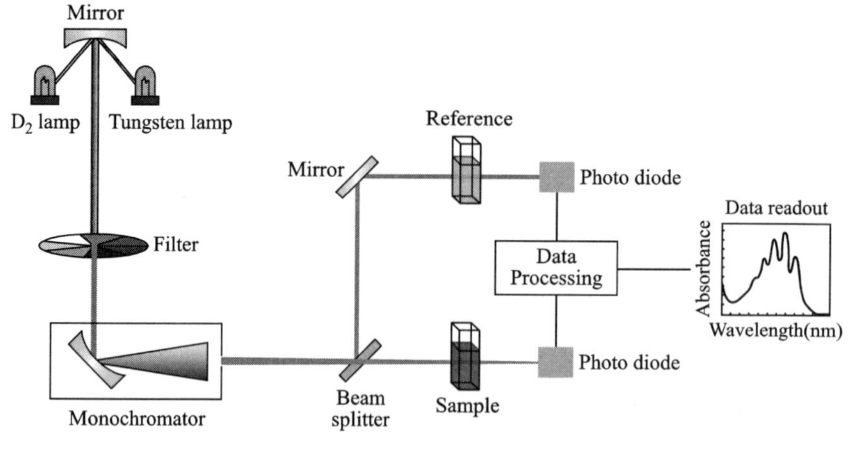

8.2 장치

(1) 장치의 개요

일반적으로 사용하는 흡광광도 분석장치는 그림과 같이 광원부, 파장선택부, 시료부 및 측광부로 구성되고 광원부에서 측광부까지의 광학계에는 측정목적에 따라 여러 가지 형식이 있다.

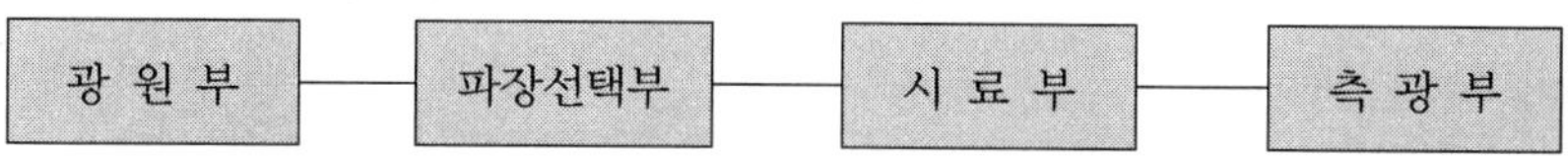

흡광광도 분석장치

(2) 광 원 부

가시부와 근적외부의 광원으로는 주로 텅스텐램프를 사용하고, 자외부의 광원으로는 주로 중수소 방전관을 사용한다.

(3) 파장선택부

일반적으로 단색화장치(Monochromator) 또는 필터(Filter)를 사용하여 측정파장을 선택한다. 단색화장치로는 프리즘, 회절격자 또는 이 두 가지를 조합시킨 것을 사용하며 단색광을 내기 위하여 슬릿(Slit)을 부속시킨다. 필터에는 색유리 필터, 젤라틴 필터, 간접필터 등을 사용한다.

(4) 시 료 부

시료부에는 일반적으로 시료액을 넣은 흡수셀과 대조액을 넣는 흡수셀(대조셀)이 있고 이 셀을 보호하기 위한 셀홀더와 이것을 광로(光路)에 올려놓을 시료실로 구성된다.

(5) 측 광 부

측광부의 광전측광에는 광전관, 광전자증배관, 광전도셀 또는 광전지 등을 사용하고 필요에 따라 증폭기, 대수변환기가 있으며 지시계, 기록계 등을 사용한다.
또 광전관, 광전자증배관은 주로 자외 내지 가시 파장 범위에서, 광전도셀은 근적외 파장

범위에서, 광전자는 주로 가시파장 범위에서의 광전측광에 사용된다.
지시계는 투과율, 흡광도, 농도 또는 이를 조합한 눈금이 있고 숫자로 표시되는 것도 있다. 기록계는 투과율, 흡광도, 농도 등을 자동기록한다.

(6) 흡수셀

흡수셀의 재질로는 유리, 석영, 플라스틱 등을 사용한다. 유리제는 주로 가시 및 근적외부 파장범위, 석영제는 자외부 파장범위, 플라스틱제는 근적외부 파장범위를 측정할 때 사용한다.

(7) 흡광도 눈금의 보정

110℃에서 3시간 이상 건조한 중크롬산칼륨(1급이상)을 N/20 수산화칼륨 용액에 녹여 중크롬산 칼륨용액을 만든다. 농도는 시약의 순도를 고려하여 $K_2Cr_2O_7$으로서 0.0303 g/L가 되도록 한다.
이 용액의 일부를 신속하게 10.0 mm 흡수셀에 취하고 25℃에서 1 nm 이하의 파장폭에서 흡광도를 측정한다. 이때 각 파장에 있어서의 흡광도 및 투과율은 이상이 없는 한 아래 표의 값을 나타내야 하며 만일 다른 값을 나타내면 아래 표에 의하여 흡광도 눈금을 보정한다.

중크롬산칼륨용액의 흡광도와 투과율(%) (25℃)

파장(nm)	흡 광 도	투 과 율(%)	파장(nm)	흡 광 도	투과율(%)
220	0.446	35.8	340	0.316	48.3
230	0.171	67.4	350	0.559	27.6
240	0.295	50.7	360	0.830	14.8
250	0.496	31.9	370	0.987	10.3
260	0.633	23.3	380	0.932	11.7
270	0.745	18.0	390	0.695	20.2
280	0.712	19.4	400	0.396	40.2
290	0.428	37.3	420	0.124	75.1
300	0.149	70.9	440	0.054	88.2
310	0.048	89.5	460	0.018	96.0
320	0.063	86.4	480	0.004	99.1
330	0.049	71.0	500	0.000	100

8.3 측정

(1) 장치의 설치

장치는 되도록 다음과 같은 조건을 구비한 실내에 설치한다.

① 전원의 전압 및 주파수의 변동이 적을 것

② 직사일광을 받지 않을 것

③ 습도가 높지 않고 온도변화가 적을 것

④ 부식성 가스나 먼지가 없을 것

⑤ 진동이 없을 것

(2) 흡수셀의 준비

흡수셀의 준비는 다음과 같이 한다.

① 시료액의 흡수파장이 약 370 nm 이상일 때는 석영 또는 경질유리 흡수셀을 사용하고 약 370 nm 이하일 때는 석영흡수셀을 사용한다.

② 따로 흡수셀의 길이(l)를 지정하지 않았을 때는 10 mm 셀을 사용한다.

③ 시료셀에는 시험용액을, 대조셀에는 따로 규정이 없는 한 증류수를 넣는다. 넣고자 하는 용액으로 흡수셀을 씻은 다음 적당량(셀의 약 8부까지)을 넣고 외면이 젖어 있을 때는 깨끗이 닦는다. 필요하면(휘발성 용매를 사용할 때와 같은 경우) 흡수셀에 마개를 하고 흡수셀에 방향성(方向性)이 있을 때는 항상 방향을 일정하게 하여 사용한다.

④ 흡수셀은 미리 깨끗하게 씻은 것을 사용한다.

흡수셀의 세척방법은 다음과 같이 한다.

① 탄산나트륨용액(2 W/V%)에 소량의 음이온 계면활성제(보기 : 액상 합성세제)를 가한 용액에 흡수셀을 담가 놓고 필요하면 40 ~ 50℃로 약 10분간 가열한다.

② 흡수셀을 꺼내 물로 씻은 후 질산(1+5)에 소량의 과산화수소를 가한 용액에 약 30분간 담가 놓았다가 꺼내어 물로 잘 씻는다. 깨끗한 가제나 흡수지 위에 거꾸로 놓아 물기를 제거하고 실리카겔을 넣은 데시케이터 중에서 건조하여 보존한다. 급히 사용하고자 할 때는 물기를 제거한 후 에틸알코올로 씻고 다시 에틸에터로 씻은 다음 드라이어(Dryer)로 건조해도 무방하다. 또 빈번하게 사용할 때는 물로 잘 씻은 다음 증

류수를 넣은 용기에 담가 두어도 무방하다.

③ 질산과 과산화수소의 혼합액 대신에 새로 만든 크롬산과 황산 혼합액에 약 1 시간 담근 다음 흡수셀을 꺼내어 물로 충분히 씻어내도 무방하다. 그러나 이 방법은 크롬의 정량이나 자외역(紫外域) 측정을 목적으로 할 때 또는 접착하여 만든 셀에는 사용하지 않는 것이 좋다. 또 세척후의 셀에는 지문이 묻지 않도록 주의하고 빛이 통과하는 면에는 손이 직접 닿지 않도록 해야 한다.

(3) 측정준비

흡광도의 측정준비는 다음과 같이 한다.

① 측정파장에 따라 필요한 광원과 광전측광 검출기를 선정한다.
② 전원을 넣고 잠시 방치하여 장치를 안정시킨 후 감도와 영점(Zero)을 조절한다.
③ 단색화장치나 필터를 이용하여 측정파장을 선택한다.

(4) 흡광도의 측정

흡광도의 측정은 원칙적으로 다음과 같은 순서로 한다.

① 눈금판의 지시가 안정되어 있나를 확인한다.
② 대조셀을 광로(光路)에 넣고 광원으로부터의 광속(光速)을 차단하고 영점을 맞춘다. 영점을 맞춘다는 것은 투과율 눈금을 눈금판의 지시가 영이 되도록 맞추는 것이다.
③ 광원으로부터 광속이 통하면 눈금을 100에 맞춘다.
④ 시료셀을 광로(光路)에 넣고 눈금판의 지시치(指示値)를 흡광도 또는 투과율로 읽는다. 투과율로 읽을 때는 나중에 흡광도로 환산해 주어야 한다.
⑤ 필요하면 대조셀을 광로에 바꿔 넣고 영점과 100에 변화가 없는 가를 확인한다.
⑥ 위 ②, ③, ④의 조작 대신에 농도를 알고 있는 표준액 계열을 사용하며 각각의 눈금에 맞추는 방법도 무방하다.

(5) 흡수곡선의 측정

필요한 파장범위에 대해서 10 nm 마다의 흡광도를 측정하여 횡축(가로)에 파장을, 종축(세로)에 흡광도를 표시하고 그래프 용지에 양자의 관계곡선을 작성하여 흡수곡선을 만든다. 이때 흡수 최대치(Peak) 부근에서는 파장간격을 1~5 nm까지 좁게 하여 흡광도를 측정하는 것이 좋다.
흡수곡선의 보기를 아래에 표시하였다.

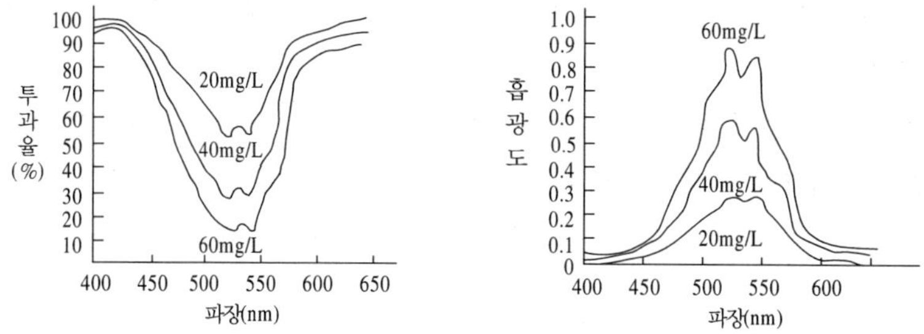

흡수곡선(과망간산칼륨 용액의 흡수곡선)

(6) 성적의 정리

측정결과에는 다음과 같은 사항을 기록하여 둔다.

① 사용한 장치의 명칭과 형식
② 광전분광광도계를 사용했을 때는 측정파장, 슬릿의 폭 및 밴드폭
③ 광전광도계를 사용했을 때는 필터의 번호
④ 흡수셀의 재질 모양, 셀의 길이 또는 직경
⑤ 대조액의 성분
⑥ 시험용액 또는 발색된 액의 성분
⑦ 시험용액의 액성
⑧ 시약첨가에서부터 흡광도 측정까지의 시간
⑨ 측정시의 시험용액 온도

8.4 정량방법

흡광광도 분석방법으로 정량분석을 하려면 이미 흡광도와 시료성분의 농도와의 비례성을 이용하여 시료에 대한 흡광도의 재현성을 검토하여야 한다.
일반적으로 정량분석에는 검량선을 미리 작성해 놓는 방법을 이용하며 경우에 따라서는 ϵ의 값(몰 흡광계수)을 미리 구해 놓는 방법도 이용한다.

(1) 검량선의 작성

검량선은 표준액의 여러 가지 농도에 대하여 적당한 대조액을 사용하며 흡광도를 측정하고 표준액의 농도를 횡축, 흡광도를 종축에 취하여 그래프 용지위에 양자의 관계선을 구하여 작성한다.
검량선은 거의 직선을 나타내는 범위 내에서 사용하는 것이 좋다. 시약이 바뀌거나 시험자가 바뀔 때에는 검량선을 다시 작성하는 것이 좋다. 단, 투과율을 측정하여 흡광도로 환산하지 않고 검량선을 작성할 때는 편대수(片對數) 그래프용지의 대수축에 투과율을 취하여 검량선을 작성한다.

1) 표준액

분석하려는 성분의 순물질 또는 일정농도의 표준액을 단계적으로 취하여 규정된 방법에 따라 표준액 계열을 만든다. 이때의 표준액 농도는 시험용액중의 분석하려는 성분의 추정농도와 거의 같은 농도범위로 한다.

2) 대조액

일반적으로 용매를 사용하며 분석하려는 성분이 들어있지 않은 같은 종류의 시료를 사용하여 규정된 방법에 따라 조제한다.

(2) 정량조건의 검토

흡광광도법으로 정량분석을 할 때는 다음과 같은 조건을 검토하여 결정하여야 한다.

1) 발색반응의 검토

① 발색한 시험용액에 대한 흡수곡선과 최대흡수파장
② 바탕시험액의 흡수곡선과 바탕시험치
③ 액성의 변화에 따른 흡광도의 변화
④ 최적 pH 범위와 완충액의 종류 및 첨가량
⑤ 마스킹이 필요할 때는 마스킹제의 종류와 첨가량
⑥ 안정제, 산화방지제 등의 종류와 첨가량
⑦ 온도변화 및 방치시간에 의한 흡광도의 변화
⑧ 시약의 농도 첨가량, 첨가순서의 영향

⑨ 시료액중의 피검성분의 최적농도 범위
⑩ 시료액에 대한 빛의 영향
⑪ 용매추출을 할 때는 최적용매의 선정

2) 측정조건의 검토

① 측정파장은 원칙적으로 최고의 흡광도가 얻어질 수 있는 최대 흡수파장을 선정한다. 단, 방해성분의 영향, 재현성 및 안정성 등을 고려하여 차선(次善)의 측정파장 또는 필터를 선정하는 수도 있다.
② 대조액은 용매, 바탕시험액 기타 적당한 용액을 선정한다.
③ 측정된 흡광도는 되도록 0.2~0.8의 범위에 들도록 시험용액의 농도 및 흡수셀의 길이를 선정한다.
④ 부득이 흡광도를 0.1 미만에서 측정할 때는 눈금 확대기를 사용하는 것이 좋다.

(3) 정량조작

정량조작은 원칙적으로 다음과 같은 순서로 한다.
① 피시료용액(被檢液)을 용량플라스크 같은 용기에 달아 넣는다.
② 발색시약, 산, 알칼리, 완충액, 마스킹제, 안정제 등 각각 규정된 순서에 따라 가한다.
③ 충분한 발색이 되도록 필요하면 가열 또는 방치한다.
④ 용매를 가하여 일정 용적으로 희석한다.
⑤ 광도계의 측정파장 또는 필터, 슬릿의 폭, 흡수셀 등을 규정한 방법에 따라 조절 또는 준비한다.
⑥ 발색액의 일부를 흡수셀에 넣고 “5.3의(4)”의 순서에 따라 흡광도를 측정한다.
⑦ 측정한 흡광도를 “5.4의(1)”의 요령에 따라 작성한 검량선과 비교하여 목적하는 성분의 농도를 구한다.

· 비고 : 시료 중의 목적성분 농도가 낮을 때는 발색액에 잘 녹지 않는 피검성분을 다시 잘 녹는 용매로 추출하여 흡광도를 측정하고 농도를 구해도 무방하다.

9장 불꽃원자흡수분광광도법

9.1 기본 이론

① 주로 금속의 정량에 사용하는 분석법으로, 시료를 2,000 K～3,000 K의 불꽃 속으로 시료를 주입하여 원소가 증기 상태가 되었을 때, 빛을 투과시키면 기저 상태에서 들뜸이 일어나기 때문에 그 원소에 대한 특유한 파장의 빛을 흡수한다. 흡수된 광량을 측정하면 그 원소를 정량할 수 있다.

② 광원으로 목적원소에 대응한 휘선스펙트럼을 내는 중공음극램프를 사용하기 때문에 선택성이 크나, 원소마다 램프를 교환해야 하기 때문에 정성분석용으로는 될 수 없다.

③ 금속의 분석시 선택파장, 불꽃연료, 정량한계는 아래 표를 참조한다.

원자흡수분광광도법의 원소별 정량한계 비교

원소	선택파장 (nm)	불꽃연료	정량한계 (mg/L)
Cu	324.7	A-Ac[1]	0.008 mg/L
Pb	283.3/217.0	A-Ac[1]	0.04 mg/L
Ni	232.0	A-Ac[1]	0.01 mg/L
Mn	279.5	A-Ac[1]	0.005 mg/L
Ba	553.6	N-Ac[2]	0.1 mg/L
As	193.7	H[3]	0.005 mg/L
Se	196.0	H[3]	0.005 mg/L
Hg	253.7	CV[4]	0.0005 mg/L
Zn	213.9	A-Ac[1]	0.002 mg/L
Sn	224.6	A-Ac[1]	0.8 mg/L
Fe	248.3	A-Ac[1]	0.03 mg/L
Cd	228.8	A-Ac[1]	0.002 mg/L
Cr	357.9	A-Ac[1]	0.01mg/L(산처리), 0.001mg/L(용매추출)

US EPA Method 200.0 Metals Atomic Absorption Spectrometry

1 A-Ac : 공기-아세틸렌　　2 N-Ac : 아산화질소-아세틸렌

3 H : 환원기화법(수소화물 생성법)　　4 CV : 냉증기법

9.2 간섭물질

(1) 광학적 간섭

① 분석하고자 하는 원소의 흡수파장과 비슷한 다른 원소의 파장이 서로 겹쳐 비이상적으로 높게 측정되는 경우이다. 또는 다중원소램프 사용 시 다른 원소로부터 공명 에너지나 속빈 음극램프의 금속 불순물에 의해서도 발생한다. 이 경우 슬릿 간격을 좁힘으로서 간섭을 배제할 수 있다.

② 시료 중에 유기물의 농도가 높을 경우 이들에 의한 복사선 흡수가 일어나 양(+)의 오차를 유발하게 되므로 바탕선 보정(background correction)을 실시하거나 분석 전에 유기물을 제거하여야 한다.

③ 용존 고체 물질 농도가 높으면 빛 산란 등 비원자적 흡수현상이 발생하여 간섭이 발생할 수 있다. 바탕 값이 높아서 보정이 어려울 경우 다른 파장을 선택하여 분석한다.

(2) 물리적 간섭

물리적 간섭은 표준용액과 시료 또는 시료와 시료간의 물리적 성질(점도, 밀도, 표면장력 등)의 차이 또는 표준물질과 시료의 매질(matrix) 차이에 의해 발생한다. 이러한 차이는 시료의 주입 및 분무 효율에 영향을 주어 양(+) 또는 음(−)의 오차를 유발하게 된다. 물리적 간섭은 표준용액과 시료간의 매질을 일치시키거나 표준물질첨가법을 사용하여 방지할 수 있다.

(3) 이온화 간섭

불꽃온도가 너무 높을 경우 중성원자에서 전자를 빼앗아 이온이 생성될 수 있으며 이 경우 음(−)의 오차가 발생하게 된다. 이러한 간섭은 시료와 표준물질에 보다 쉽게 이온화되는 물질을 과량 첨가하면 감소시킬 수 있다.

(4) 화학적 간섭

불꽃의 온도가 분자를 들뜬 상태로 만들기에 충분히 높지 않아서, 해당 파장을 흡수하지 못하여 발생한다. 그 예로 시료 중에 인산이온(PO_4^{3-}) 존재 시 마그네슘과 결합하여 간섭을 일으킬 수 있다. 칼슘, 마그네슘, 바륨의 분석 시 란타늄(La)을 첨가하여 인산의 화학적 간섭을 배제할 수 있다. 또는 간섭을 일으키는 금속을 킬레이트제 등으로 제거할 수 있다.

9.3 용어

① 속빈 음극램프(HCL, hollow cathode lamp)
원자흡수 측정에 사용하는 가장 보편적인 광원으로 네온이나 아르곤가스를 1 torr~5 torr의 압력으로 채운 유리관에 텅스텐 양극과 원통형 음극을 봉입한 형태의 램프이다.

② 전극없는 방전 램프(EDL, electrodeless discharge lamp)
해당 스펙트럼을 내는 금속염과 아르곤이 들어있는 밀봉된 석영관으로, 전극 대신 라디오주파수 장이나 마이크로파 복사선에 의해 에너지가 공급되는 형태의 램프이다.

9.4 원자흡수분광광도계 기기구성

단일 또는 이중 채널, 단일 또는 이중 빔을 채용한 분광계로 단색화 장치, 광전자증폭검출기, 190~800 nm 나비의 슬릿 및 기록계로 구성된다.

① 가스 : 불꽃생성을 위해 아세틸렌(C_2H_2)－공기가 일반적인 원소분석에 사용되며, 아세틸렌-아산화질소(N_2O)는 바륨 등 산화물을 생성하는 원소의 분석에 사용된다. 아세틸렌은 일반등급을 사용하고, 공기는 공기압축기 또는 일반 압축공기 실린더 모두 사용 가능하다. 아산화질소 사용 시 시약등급을 사용한다.

② 램프 : 속빈 음극램프 또는 전극 없는 방전램프이 사용 가능하며, 단일파장램프가 권장되나 다중파장램프도 사용 가능하다.

③ 원자화 장치 : 버너는 기기업체에서 제공하는 사양을 따른다.

수질환경기사 · 산업기사

01 수질오염공정시험기준의 총칙에 관한 설명으로 옳지 않은 것은?

① 온도의 영향이 있는 실험결과 판정은 표준온도를 기준으로 한다.
② 찬 곳은 따로 규정이 없는 한 0~15℃의 곳을 뜻한다.
③ '수욕상 또는 수욕 중에서 가열한다'라 함은 따로 규정이 없는 한 수온 100℃에서 가열함을 뜻하고 약 100℃의 증기욕을 쓸 수 있다.
④ 냉수는 15℃ 이하, 온수는 50~60℃, 열수는 약 100℃를 말한다.

정답 ④

02 측정항목별 시료 보존 방법으로 가장 거리가 먼 것은?

① 페놀류 : H_2SO_4로 pH 2 이하로 조정한 후 $CuSO_4$ 1 g/L을 첨가하여 4℃에서 보존한다.
② 노말헥산추출물질 : H_2SO_4로 pH 2 이하로 하여 4℃에서 보관한다.
③ 암모니아성 질소 : H_2SO_4로 pH 2 이하로 하여 4℃에서 보관한다.
④ 황산이온 : 6℃ 이하에서 보관한다.

정답 ①

03 수로의 폭이 0.5 m인 직각 삼각웨어의 수두가 0.25 m일 때 유량(m^3/min)은? (단, 유량 계수는 80)

① 2.0 ② 2.5
③ 3.0 ④ 3.5

정답 ②

04 개수로에 의한 유량측정 시 평균유속은 Chezy의 유속공식을 적용한다. 여기서 경심에 대한 설명으로 옳은 것은?

① 유수단면적을 윤변으로 나눈 것을 말한다.
② 윤변에서 유수단면적을 뺀 것을 말한다.
③ 윤변과 유수단면적을 곱한 것을 말한다.
④ 윤변과 유수단멱적을 더한 것을 말한다.

정답 ①

05 실험에 관련된 용어의 정의로 틀린 것은?

① 밀봉용기 : 취급 또는 저장하는 동안에 밖으로부터의 용기 또는 다른 가스가 침입하지 아니하도록 내용물을 보호하는 용기를 말한다,
② 정밀히 단다 : 규정된 양의 시료를 취하여 화학저울 또는 미량저울로 칭량함을 말한다.
③ 정확히 취하여 : 규정한 양의 액체를 부피피펫으로 눈금까지 취하는 것을 말한다.
④ 냄새가 없다 : 냄새가 없거나, 또는 거의 없는 것을 표시하는 것이다.

정답 ①

06 다음은 수질측정 항목과 최대보존기간을 짝지은 것이다. 잘못 연결된 것은? (단, 항목–최대보존기간)

① 색도 - 48시간　② 6가 크롬 - 24시간
③ 비소 - 6개월　④ 유기인 - 28일

정답 ④

07 유량 측정시 사용되는 웨어판에 관한 설명으로 틀린 것은?

① 웨어판의 재료는 3 mm 이상의 두께를 갖는 내구성이 강한 철판으로 한다.
② 웨어판의 내면은 평면이어야 한다.
③ 웨어판 안측의 가장자리는 직선이어야 한다.
④ 웨어판의 크기는 수로의 붙인 틀의 크기에 맞추고 절단의 크기는 따로 정하지 않는다.

정답 ④

08 시료의 전처리 방법(산분해법) 중 유기물 등을 많이 함유하고 있는 대부분의 시료에 적용하는 것은?

① 질산법　② 질산-염산법
③ 질산-황산법　④ 질산-과염소산법

정답 ③

09 복수시료채취방법에 대한 설명으로 옳은 것은? (단, 배출허용기준 적합여부 판정을 위한 시료채취 시)

① 자동시료채취기로 시료를 채취할 경우에는 6시간 이내에 30분 이상 간격으로 2회 이상 채취하여 일정량의 단일 시료로 한다.
② 자동시료채취기로 시료를 채취할 경우에는 6시간 이내에 30분 이상 간격으로 4회 이상 채취하여 일정량의 단일 시료로 한다.
③ 자동시료채취기로 시료를 채취할 경우에는 8시간 이내에 30분 이상 간격으로 2회 이상 채취하여 일정량의 단일 시료로 한다.
④ 자동시료채취기로 시료를 채취할 경우에는 8시간 이내에 30분 이상 간격으로 4회 이상 채취하여 일정량의 단일 시료로 한다.

정답 ①

10 시료 채취 시 유의사항으로 틀린 것은?

① 채취 용기는 시료를 채우기 전에 시료로 3회 이상 씻은 다음 사용한다.
② 시료 채취 용기에 시료를 채울 때에는 어떠한 경우에도 시료의 교환이 일어나서는 안 된다.
③ 지하수 시료는 취수정 내에 고여 있는 물과 원래 지하수의 성상이 달라질 수 있으므로 고여 있는 물을 충분히 퍼낸 다음 새로 나온 물을 채취한다.
④ 시료 채취량은 시험항목 및 시험 횟수의 필요량의 3~5배 채취를 원칙으로 한다.

정답 ④

11 냄새 측정을 위한 시료의 최대보존기간은?

① 즉시
② 6시간
③ 24시간
④ 48시간

정답 ②

12 개수로에 의한 유량 측정시 수로의 구성, 재질, 형상, 기울기 등이 일정하지 않은 경우에 관한 설명으로 틀린 것은?

① 수로는 될수록 직선적이며, 수면이 물결치지 않은 곳을 고른다.
② 10 m를 측정구간으로 하여 5 m마다 유수의 횡단면적을 측정한다.
③ 유속의 측정은 부표를 사용하여 10 m 구간을 흐르는데 걸리는 시간을 스톱워치(Stop Watch)로 잰다.
④ 수로의 수량은 $Q=60V \cdot A$, $V=0.75V_e$로 한다.
(Q : 유량[m^3/분], V : 총평균 유속[m/s], V_e :표면 최대 유속[m/s], A : 평균 단면적[m^2])

정답 ②

13 사각 웨어에 의하여 유량을 측정하려고 한다. 웨어의 수두가 90 cm, 절단 폭이 5 m이면 이 사각 웨어의 유량은 몇 m^3/min인가? (단, 유량 계수 1.5이다.)

① 5.2 ② 5.6
③ 6.0 ④ 6.4

정답 ④

14 측정항목별 시료보전방법과 최대보존기간을 옳게 짝지은 곳은?

① 부유물질 : 4℃ 보관, 28일
② 전기전도도 : 4℃ 보관, 즉시
③ 음이온계면활성제 : 4℃ 보관, 48시간
④ 질산성질소 : 4℃ 보관, 6시간

정답 ③

15 총칙에 관한 설명으로 가장 거리가 먼 것은?

① 시험에 사용되는 시약은 따로 규정이 없는 한 1급 이상 또는 이와 동등한 규격의 시약을 사용한다.
② "항량으로 될 때까지 건조한다." 하는 의미는 같은 조건에서 1시간 더 건조할 때 전후 무게의 차가 g당 0.3 mg 이하일 때를 말한다.
③ 기체 중의 농도는 표준상태(0℃, 1기압)로 환산 표시한다.
④ "정확히 취하여"라 하는 것은 규정한 양의 시료를 부피피펫으로 0.1 mL까지 취하는 것을 말한다.

정답 ④

16 취급 또는 저장하는 동안에 기체 또는 미생물이 침입하지 아니하도록 내용물을 보호하는 용기는?

① 밀봉용기 ② 밀폐용기
③ 기밀용기 ④ 차폐용기

정답 ①

17 다음은 용기에 의한 유량 측정에 관한 내용이다. ( )안에 옳은 내용은?

> 최대 유량 1 m^3/분 이상인 경우
> 수조가 큰 경우는 유입시간에 있어서 유수의 부피는 상승한 수위와 상승수면의 평균표면적의 계측에 의하여 유량을 산출한다. 이 경우 측정시간은 (㉠), 수위의 상승속도는 적어도 (㉡)이어야 한다.

① ㉠ 1분 정도 ㉡ 매분 1 cm 이상
② ㉠ 1분 정도 ㉡ 매분 5 cm 이상
③ ㉠ 5분 정도 ㉡ 매분 1 cm 이상
④ ㉠ 5분 정도 ㉡ 매분 5 cm 이상

정답 ③

18 수로 및 직각 3각 웨어판을 만들어 유량을 산출할 때 웨어의 수두 0.2 m, 수로의 밑면에서 절단 하부점까지의 높이 0.75 m, 수로의 폭 0.5 m일 때의 웨어의 유량은? (단, $K=81.2+\dfrac{0.24}{h}+\left[8.4+\dfrac{12}{\sqrt{D}}\right]\times\left[\dfrac{h}{B}-0.09\right]^2$ 이용)

① 0.54 m^3/min ② 1.15 m^3/min
③ 1.51 m^3/min ④ 2.33 m^3/min

정답 ③

19 시료의 최대보존기간이 가장 짧은 측정 항목은?

① 클로로필-a ② 염소이온
③ 페놀류 ④ 암모니아성 질소

정답 ①

20 수로의 구성, 재질, 수로단면의 형상, 기울기 등이 일정하지 않은 개수로에서 부표를 사용하여 유속을 측정한 결과 수로의 평균 단면적이 3.2 m^2, 표면최대유속은 2.4 m/sec이라면 이 수로에 흐르는 유량(m^3/sec)은?

① 82.2 ② 168.4
③ 250.3 ④ 345.6

정답 ④

21 최대유속과 최소유속의 비가 가장 큰 유량계는?

① 벤튜리미터(venturi meter)
② 오리피스(orifice)
③ 피토우(pitot)관
④ 자기식 유량측정기(magnetic flow meter)

정답 ④

22 감응계수에 관한 내용으로 옳은 것은?

① 감응계수는 검정곡선 작성용 표준용액의 농도(C)에 대한 반응값(R)으로 [감응계수 = (R/C)]로 구한다.
② 감응계수는 검정곡선 작성용 표준용액의 농도(C)에 대한 반응값(R)으로 [감응계수 = (C/R)]로 구한다.
③ 감응계수는 검정곡선 작성용 표준용액의 농도(C)에 대한 반응값(R)으로 [감응계수 = (CR-1)]로 구한다.
④ 감응계수는 검정곡선 작성용 표준용액의 농도(C)에 대한 반응값(R)으로 [감응계수 = (CR+1)]로 구한다.

정답 ①

23 다음은 공장폐수 및 하수유량측정방법 중 최대유량이 1 m^3/min 미만인 경우에 용기사용에 관한 설명이다. ( )안에 옳은 내용은?

> 용기는 용량 100~200 L인 것을 사용하여 유수를 채우는 데에 요하는 시간을 스톱워치로 잰다. 용기에 물을 받아 넣는 시간을
> ( ) 되도록 용량을 결정한다.

① 20초 이상 ② 30초 이상
③ 60초 이상 ④ 90초 이상

정답 ①

24 총칙에 관한 설명으로 옳지 않은 것은?

① 용도의 영향이 있는 실험결과 판정은 표준온도를 기준으로 한다.
② 찬 곳은 따로 규정이 없는 한 0~15℃의 곳을 뜻한다.
③ 냉수는 4℃ 이하를 말한다.
④ 온수는 60~70℃를 말한다.

정답 ③

25 분석할 시료채취량은 시험항목 및 시험횟수에 따라 차이가 있으나 보통 몇 L 정도를 채취하는가?

① 0.5～1 L　　② 1～2 L
③ 2～3 L　　④ 3～5 L

정답 ④

26 부유물질(SS) 측정 시 간섭물질에 대한 설명으로 틀린 것은?

① 큰 입자들은 부유물질 측정에 방해를 주며, 이 경우 직경 0.2 mm 금속망에 먼저 통과시킨 후 분석을 실시한다.
② 증발잔류물이 1,000 mg/L 이상인 경우의 해수, 공장 폐수 등은 특별히 취급하지 않을 경우, 높은 부유물질 값을 나타낼 수 있어 여과지를 여러 번 세척한다.
③ 철 또는 칼슘이 높은 시료는 금속 침전이 발생하며 부유물질 측정에 영향을 줄 수 있다.
④ 유지(oil) 및 혼합되지 않는 유기물도 여과지에 남아 부유물질 측정값을 높게 할 수 있다.

정답 ①

27 공장, 하수 및 폐수 종말처리장 등의 원수, 공정수, 배출수 등의 개수로 유량을 측정하는데 사용하는 웨어의 정확도 기준은? (단, 실제유량에 대한 %)

① ±5%　　② ±10%
③ ±15%　　④ ±25%

정답 ①

28 시험과 관련된 총칙에 관한 설명으로 옳지 않은 것은?

① "방울수"라 함은 0℃에서 정제수 20방울을 적하할 때 그 부피가 약 1 mL 되는 것을 뜻한다.
② "찬 곳"은 따로 규정이 없는 한 0～15℃의 곳을 뜻한다.
③ "감압 또는 진공"이라 함은 따로 규정이 없는 한 15 mmHg 이하를 말한다.
④ "약"이라 함은 기재된 양에 대하여 ±10% 이상의 차이가 있어서는 안 된다.

정답 ①

29 하천유량 측정을 위한 유속 면적법의 적용 범위로 틀린 것은?

① 대규모 하천을 제외하고 가능하면 도섭으로 측정할 수 있는 지점
② 교량 등 구조물 근처에서 측정할 경우 교량의 상류지점
③ 합류나 분류되는 지점
④ 선정된 유량측정 지점에서 말뚝을 박아 동일 단면에서 유량측정을 수행할 수 있는 지점

정답 ③

30 웨어의 수두가 0.25 m, 수로의 폭이 0.8 m, 수로의 밑면에서 절단 하부점까지의 높이가 0.7 m인 직각 3각웨어의 유량은? 단, 유량계수

$$k=81.2+\frac{0.24}{h}+\left(8.4+\frac{12}{\sqrt{D}}\right)\times\left(\frac{h}{B}-0.09\right)^2$$

① 1.4 m^3/min
② 2.1 m^3/min
③ 2.6 m^3/min
④ 2.9 m^3/min

정답 ③

31 시료의 최대보존기간이 다른 측정 항목은?

① 페놀류
② 인산염인
③ 화학적 산소요구량
④ 황산이온

정답 ②

32 다음은 수질연속자동측정기의 설치방법 중 시료채취 지점에 관한 내용이다. (　　)안에 옳은 내용은?

> 취수구의 위치는 수면하 10 cm 이상, 바닥으로부터 (　　)를 유지하여 동절기의 결빙을 방지하고 바닥 퇴적물이 유입되지 않도록 하되 불가피한 경우는 수면하 5 cm에서 채수할 수 있다.

① 10 cm
② 15 cm
③ 20 cm
④ 30 cm

정답 ②

33 유기물 함량이 비교적 높지 않고 금속의 수산화물, 산화물, 인산염 및 황화물을 함유하는 시료의 전처리(산분해법) 방법으로 가장 적합한 것은?

① 질산법 ② 황산법
③ 질산-황산법 ④ 질산-염산법

정답 ④

34 고형물질이 많아 관을 메울 우려가 있는 폐·하수의 관내 유량을 측정하는 방법으로 가장 옳은 것은?

① 자기식 유량측정기(magnetic flow meter)
② 유량측정용 노즐(nozzle)
③ 파샬플름(parshall flume)
④ 피토우관(pitot)

정답 ①

제3부

항목별 시험방법

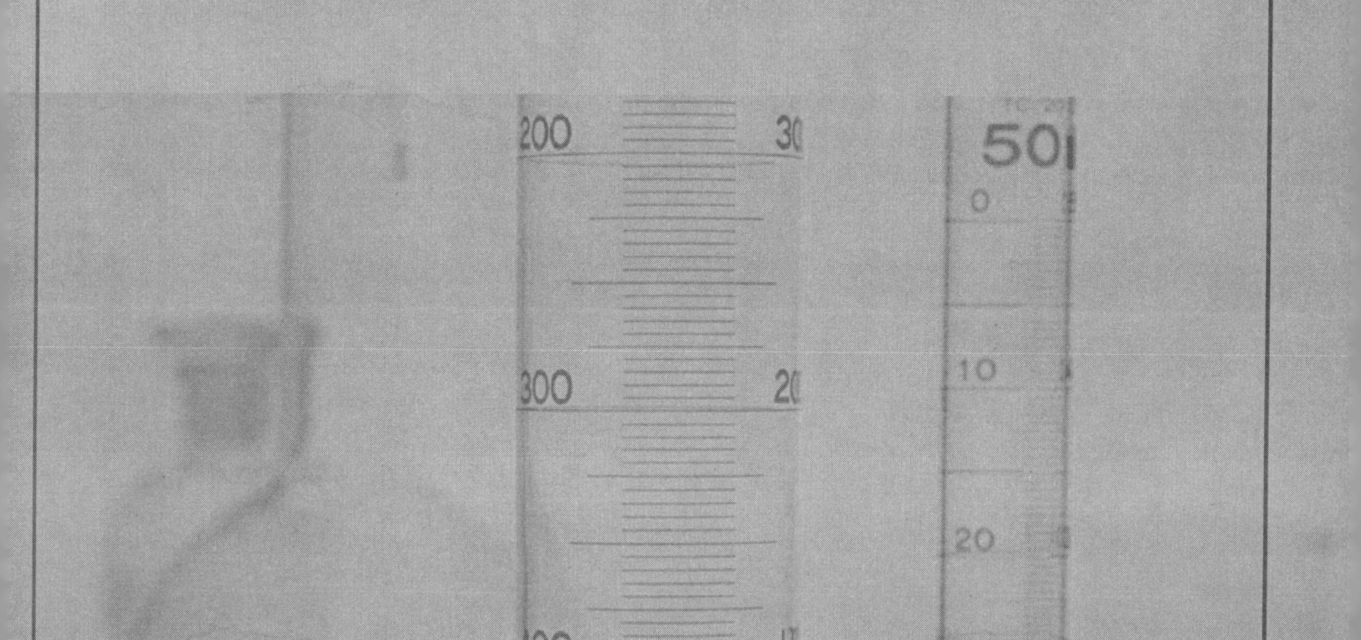

실험 1 수소이온농도

1. 실험목적

수소이온농도(pH)는 하천, 호소, 해역의 물환경기준에서 첫 번째로 측정되는 항목으로, pH 측정기를 사용하여 용액의 수소이온농도를 측정해 본다.

$$pH = \log \frac{1}{[H^+]} = -\log [H^+]$$

2. 실험이론 및 주의사항

① 유리전극은 용액의 색도, 탁도, 콜로이드성 물질들, 산화 및 환원성 물질들 그리고 염도에 의해 일반적으로 간섭을 받지 않는다.

② pH 10 이상에서 나트륨에 의해 오차가 발생할 수 있는데, 이는 "낮은 나트륨 오차 전극"을 사용하여 줄일 수 있다.

③ 기름층이나 작은 입자상이 전극을 피복하여 pH 측정을 방해할 수 있는데, 이 피복물을 부드럽게 문질러 닦아내거나 세척제로 닦아낸 후 증류수로 세척하여 부드러운 천으로 물기를 제거하여 사용한다. 염산(1+9)을 사용하여 피복물을 제거할 수 있다.

3. 분석기기

1) pH 측정기

pH 측정기는 보통 유리전극 및 비교전극으로 된 검출부와 검출된 pH를 표시하는 지시부로 되어 있다. 지시부에는 비대칭 전위조절(영점조절)용 꼭지 및 온도보상용 꼭지가 있다. 온도보상용 꼭지가 없는 것은 온도보상용 감온부가 있다.

① 검출부 : 시료에 접하는 부분으로 유리전극 또는 안티몬전극과 비교전극으로 구성되어 있다. pH는 온도에 대한 영향이 매우 큼으로, 야외에서 시료를 채취하여 실내에서 측정할 때에는 온도를 함께 측정할 수 있어야 한다.

· 안티몬전극을 사용하는 경우에 정량범위는 pH 2~12이다.

② 유리전극 : pH 측정기를 구성하는 유리전극으로서 수소이온의 농도가 감지되는 전극이다.

③ 비교전극 : 은-염화은과 칼로멜 전극이 주로 사용되며, 기준전극과 작용전극이 결합된 전극이 측정하기에 편리하다.

④ 지시부 : 비대칭 전위조절(영점조절) 및 온도보상용 꼭지로 구성되어 있고, 측정기의 운전상태, 측정결과, 교정값 등을 확인하고 기록한다.

4. 시약 및 표준용액

1) 표준용액의 제조

① pH 표준용액의 조제에 사용되는 물은 정제수를 15분 이상 끓여서 이산화탄소를 날려 보내고 산화칼슘(생석회) 흡수관을 닫아 식혀서 준비한다.

② 제조된 pH 표준용액의 전도도는 2μS/cm 이하이여야 한다.

③ 조제한 pH 표준용액은 경질 유리병 또는 폴리에틸렌병에 담아서 보관하며, 보통 산성 표준용액은 3개월, 염기성 표준용액은 산화칼슘 흡수관을 부착하여 1개월 이내에 사용한다.

2) 표준용액의 종류

① 옥살산염 표준용액 (0.05 M, pH 1.68)

사옥살산칼륨($KH_3(C_2O_4)_2 \cdot 2H_2O$, 분자량 : 254.19)을 실리카겔이 들어 있는 데시케이터에서 건조한 다음 12.71 g을 정확하게 달아 정제수에 녹이고 정확히 1 L로 한다.

② 프탈산염 표준용액 (0.05 M, pH 4.00)

프탈산수소칼륨($C_8H_5O_4K$, 분자량 : 204.22)을 건조기 110℃에서 항량이 될 때까지 건조한 다음 10.12 g을 정제수에 녹이고 1 L로 한다.

③ 인산염 표준용액 (0.025 M, pH 6.88)

인산이수소칼륨(KH_2PO_4, 분자량 : 136.09) 및 인산일수소나트륨(Na_2HPO_4, 분자량 : 141.96)을 110℃에서 1시간 건조한 다음 인산이수소칼륨 3.387 g 및 인산일수소나트륨 3.533 g을 정확하게 달아 정제수에 녹여 정확히 1 L로 한다.

④ 붕산염 표준용액 (0.01 M, pH 9.22)

붕산나트륨 · 10수화물($Na_2B_4O_7 \cdot 10H_2O$, 분자량 : 381.37)을 건조용기(물로 적신 브롬화나트륨(NaBr, 분자량 : 102.89))에 넣어 항량으로 한 다음 3.81 g을 정확하게 달아 정제수에 녹여 정확히 1 L로 한다.

⑤ 탄산염 표준용액 (0.025M, pH 10.07)
건조용기(실리카겔)에서 건조한 탄산수소나트륨($NaHCO_3$, 분자량 : 100.01) 2.092 g과 500～650℃에서 건조한 무수탄산나트륨(Na_2CO_3, 분자량 : 105.99) 2.64 g을 정제수에 녹이고 정확히 1 L로 만든다.

⑥ 수산화칼슘 표준용액 (0.02 M, 25℃ 포화용액, pH 12.63)
수산화칼슘($Ca(OH)_2$, 분자량 : 74.09) 5 g을 플라스크에 넣고 정제수 1 L를 넣어 잘 흔들어 섞어 23～27 ℃에서 충분히 포화시켜 그 온도에서 상층액을 여과하여 투명한 여과용액을 만들어 사용한다.

· 표준용액의 pH : 옥살산염 〈 프탈산염 〈 인산염 〈 붕산염 〈 탄산염 〈 수산화칼슘

5. 분석절차

1) pH 전극 보정

① 측정기의 전원을 켜고 시험 시작까지 30분 이상 예열한다.

② 전극은 정제수에 3회 이상 반복하여 씻고 물방울은 잘 닦아낸다.
전극이 더러워진 경우 세제나 염산용액(0.1 M) 등으로 닦아낸 다음 정제수로 충분히 흘려 씻어 낸다. 오랜 기간 건조 상태에 있었던 유리전극은 미리 하루 동안 pH 7 표준용액에 담가 놓은 후에 사용한다.

③ 전극 보정은 다음과 같은 순서로 3개 이상의 표준용액으로 실시한다.

(1) 전극을 프탈산염 표준용액(pH 4.00) 또는 pH 4.01 표준용액에 담그고 표시된 값을 보정한다.

(2) 전극을 표준 용액에서 꺼내어 정제수로 3회 이상 세척하고 거름종이 등으로 가볍게 닦아낸다.

(3) 전극을 인산염 표준용액(pH 6.88) 또는 pH 7.00 표준용액에 담그고 표시된 값을 보정한다.

(4) (2)와 같이 한다.

(5) 전극을 탄산염 표준용액 pH 10.07 또는 pH 10.01 표준용액에 담그고 표시된 값을

보정한다.

(6) (2)와 같이 한다.

2) 시료의 분석

① 유리전극을 미리 정제수에 수 시간 담가 둔다.

② 유리전극을 정제수에서 꺼내어 거름종이 등으로 가볍게 닦아낸다.

③ 유리전극을 측정하고자 하는 시료에 담가 pH의 측정결과가 안정화 할 때까지 기다린다.

④ 측정된 pH가 안정되면 측정값을 기록한다.

⑤ 시료로부터 pH 전극을 꺼내어 정제수로 세척한 다음 거름종이 등으로 가볍게 닦아내어 제조사에서 제시하는 보관용액 또는 정제수에 담아 보관한다.

3) 온도보정

④ pH는 온도변화에 따라 영향을 받는다. 대부분의 pH 측정기는 자동으로 온도를 보정하나 표 1에 따라 수동으로 보정할 수 있다.

표 1 온도별 표준용액의 pH값

온 도(℃)	수산염 표준액	프탈산염 표준액	인산염 표준액	붕산염 표준액	탄산염 표준액	수산화칼슘 표준액
0	1.67	4.01	6.98	9.46	10.32	13.43
5	1.67	4.01	6.95	9.39	10.25	13.21
10	1.67	4.00	6.92	9.33	10.18	13.00
15	1.67	4.00	6.90	9.27	10.12	12.81
20	1.68	4.00	6.88	9.22	10.07	12.63
25	1.68	4.01	6.86	9.18	10.02	12.45
30	1.69	4.01	6.85	9.14	9.97	12.30
35	1.69	4.02	6.84	9.10	9.93	12.14
40	1.70	4.03	6.84	9.07	-	11.99
50	1.71	4.06	6.83	9.01	-	11.70
60	1.73	4.10	6.84	8.96	-	11.45

6. 결과보고

측정결과는 소숫점 첫째 자리까지 표기한다.

연습문제

01 0.04 N의 초산이 8% 해리되어 있다면 이 수용액의 pH는?

$CH_3COOH \rightleftharpoons CH_3COO^- + H^+$

생성된 $[H^+] = 0.04\,N \times \frac{8}{100} = 3.2 \times 10^{-3}\,N$

$pH = -\log(3.2 \times 10^{-3}) = 2.49$

02 물 500 mL에 NaOH 0.1 g을 용해시킨 용액의 pH는?

$NaOH(N) = \frac{0.1\,g}{0.5\,L} \times \frac{1\,mol}{40\,g} = 5 \times 10^{-3}\,mol/L$

$pOH = -\log(5 \times 10^{-3}) = 2.3$

$pH = 14 - 2.3 = 11.7$

03 pH 2인 용액은 pH 7인 용액보다 몇 배 더 산성인가?

(1) pH 2 → $[H^+] = 10^{-2}$

(2) pH 7 → $[H^+] = 10^{-7}$ ∴ 10^5 배

04 아세트산(CH_3COOH) 120 mg/L 용액의 pH는?
(단, 아세트산 K_a는 1.8×10^{-5})

$CH_3COOH \rightleftharpoons CH_3COO^- + H^+$

$CH_3COOH(N) = \frac{0.12\,g}{1\,L} \times \frac{1\,mol}{60\,g} = 2 \times 10^{-3}\,mol/L$

$H^+ = \sqrt{K_a \cdot C} = \sqrt{1.8 \times 10^{-5} \times 0.002} = 1.8974 \times 10^{-4}\,M(N)$

$pH = -\log[H^+] = 3.72$

05 2,000 mg/L $Ca(OH)_2$ 용액의 pH는?
(단, $Ca(OH)_2$는 완전 해리되며 Ca의 원자량은 40)

$Ca(OH)_2(N) = \frac{2000\,mg/L}{74 \times 10^3\,mg/mol} \times \frac{2mol\,OH^-}{1mol\,Ca(OH)_2} = 5.4 \times 10^{-2}\,N$

$pOH = -\log[OH^-] = -\log(5.4 \times 10^{-2}) = 1.27$

$pH = 14 - pOH = (14 - 1.27) = 12.73$

실험 2 노말헥산 추출물질

1. 실험목적

지표수, 지하수, 폐수 등에 휘발되지 않는 탄화수소, 탄화수소유도체, 그리스유상물질 및 광유류를 광범위하게 측정하기 위함이다.

2. 실험이론 및 주의사항

① 탄화수소 및 유도체, 그리스유상물질 및 광유류를 함유하고 있는 시료를 pH 4 이하의 산성으로 하면 이들 물질이 노말헥산에 용해된다. 목적물질이 용해된 노말헥산층을 추출하고 노말헥산을 증발시킨 후 잔류물의 무게를 측정한다.
② 광유류의 양을 시험하고자 할 경우에는 활성규산마그네슘(플로리실) 컬럼을 이용하여 동식물유지류를 흡착·제거한다.
③ 지표수, 지하수, 폐수 등에 적용할 수 있으며, 정량한계는 0.5 mg/L이다.
④ 무게 측정을 방해할 가능성이 있는 입자가 존재할 경우 0.45μm 여과지로 여과한다.

3. 분석기기 및 기구

① 전기열판 또는 전기맨틀 : 80℃로 온도조절이 가능한 것을 사용한다.
② 증발용기 : 알루미늄박으로 만든 접시, 비커 또는 증류플라스크로서 부피가 50~250 mL인 것을 사용한다.
③ 연결관 및 냉각관 : ㅏ자형 연결관 및 리히비히 냉각관(증류플라스크를 사용한 경우)을 사용한다.
④ 활성규산마그네슘 컬럼 : 안지름 약 10 mm, 길이, 약 150 mm의 콕이 부착된 유리관에 유리섬유(석영섬유)를 깔고 120 mm~130 mm 높이로 활성규산마그네슘을 기포가 혼입되지 않도록 노말헥산과 함께 충전한다.

· 활성규산마그네슘은 입경 150μm~250μm로서 사용전에 노말헥산으로 씻고 150℃로 약 2시간 가열한 후 진공건조용기에서 식힌 것을 사용한다.

4. 시약 및 표준용액

① 노말헥산(C_6H_{13}, 분자량 : 86.18)

② 메틸오렌지(0.1%) : 메틸오렌지 0.1 g을 정확히 취하여 100 mL 부피플라스크에 넣고 정제수로 채운다.

③ 무수황산나트륨(Na_2SO_4, 분자량 : 142.04)

④ 염산(1+1) : 염산(HCl, 분자량 : 36.46, 비중 : 1.18, 함량 : 36.5%~38%) 50 mL를 정제수 50 mL에 넣어 혼합한다.

5. 분석절차

1) 노말헥산추출물질

① 시료적당량(노말헥산 추출물질로서 5~200 mg 해당량)을 분별깔때기에 넣고 **메틸오렌지용액**(0.1%) 2~3방울을 넣고 **황색이 적색으로 변할 때까지 염산**(1+1)**을 넣어 시료의 pH를 4이하로 조절**한다.

· 노말헥산추출물질의 함량이 낮은 경우(5 mg/L 이하)에는 5 L 용량 시료병에 시료 4 L를 채취하여 염화제이철용액(염화제이철($FeCl_3 \cdot 6H_2O$) 30 g을 염산(1+11) 100 mL에 녹인 용액) 4 mL를 넣고 자석교반기로 교반하면서 탄산나트륨용액(20 W/V%)을 넣어 pH 7.9로 조절한다.
5분간 세게 교반한 다음 방치하여 침전물이 전체액량의 약 1/10이 되도록 침강하면 상층액을 조용히 흡인하여 버린다. 잔류 침전층에 염산(1+1)을 넣어 pH 약 1로 하여 침전물을 녹이고 이 용액을 분별깔때기에 옮겨 이하 시험방법에 따라 시험한다.

② 시료의 용기는 노말헥산 20 mL씩으로 2회~3회 씻어서 씻은 액을 분별깔때기에 합하고 마개를 하여 2분간 세게 흔들어 섞고 정치하여 노말헥산층을 분리한다.

· 추출시 에멀젼을 형성하여 액층이 분리되지 않거나 노말헥산층이 혼탁할 경우에는 분별깔때기안의 수층을 원래의 시료용기에 옮기고, 에멀젼층 또는 헥산층에 약 10 g의 염화나트륨 또는 황산암모늄을 넣어 환류냉각관(약 300 mm)을 부착하고 80℃ 물중탕 중에서 약 10분간 가열 분해한 다음 시험방법에 따라 시험한다.

③ 수층에 한 번 더 시료용기를 씻은 노말헥산 20 mL를 넣어 흔들어 섞고 정치하여 노말헥산층을 분리하여 앞의 노말헥산층과 합한다. 정제수 20 mL씩으로 수회 씻어준 다음 수층을 버리고 노말헥산층에 무수황산나트륨을 수분이 제거될 만큼 넣어 흔들어 섞고 수분을 제거한다.

④ 분별깔때기의 꼭지부분에 건조여과지를 사용하여 여과한다. 노말헥산을 항량으로 하며 무게를 미리 단 증발용기에 넣고 분별깔때기에 노말헥산 소량을 넣어 씻어 준 다음 여과하여 증발용기에 합한다.

⑤ 노말헥산 5 mL씩으로 여과지를 2회 씻어주고 씻은 액을 증발용기에 합한다.

⑥ 증발용기가 알루미늄박으로 만든 접시 또는 비커일 경우에는 용기의 표면을 깨끗이 닦고, 80 ℃로 유지한 전기 열판 또는 전기맨틀에 넣어 노말헥산을 증발시킨다.

⑦ 증류플라스크일 경우에는 U자형 연결관과 냉각관을 달아 전기열판 또는 전기맨틀의 온도를 80℃로 유지하면서 매 초당 한 방울의 속도로 증류한다.
증류 플라스크 안에 2 mL가 남을 때까지 증류한 다음, 냉각관의 상부로부터 질소가스를 넣어주어 증류플라스크안의 노말헥산을 완전히 증발시키고 증류플라스크를 분리하여 실온으로 냉각될 때까지 질소를 흘려보내어 노말헥산을 완전히 증발시킨다.

⑧ 증발용기 외부의 습기를 깨끗이 닦고 (80±5)℃의 건조기 중에 30분간 건조하고 실리카겔 데시케이터에 넣어 정확히 30분간 방치하여 냉각한 후 무게를 단다.

⑨ 따로 시험에 사용된 노말헥산 전량을 미리 항량으로 하여 무게를 단 증발용기에 넣어, 시료와 같이 조작하여 노말헥산을 날려 보내어 바탕시험을 행하고 보정한다.

2) 노말헥산추출물질 중 광유류

① 총 노말헥산추출물질의 무게를 측정한 증발용기 중에 노말헥산 20~30 mL를 넣고 가온하여 녹이고 100 mL 부피플라스크에 옮기고 증발용기에 잔류물이 남지 않도록 다시 20~30 mL의 노말헥산으로 녹여 이를 앞의 100 mL 부피플라스크에 합한다.

- 노말헥산추출물질 중에 동식물유지류 등의 극성물질 약 200 mg 이상을 함유할 경우에는 용량 100 mL 이상의 용기를 사용하여 200 mg 이하에서와 같이 조제한다.
- 잔류물 중에 염류가 잔류할 경우에는 유리막대 등으로 잔류물을 잘게 분쇄하고 노말헥산을 가해 노말헥산추출물질을 용출시킨다.

② 헥산 10 mL씩으로 증발용기를 2~3회 씻고, 씻은 액을 전량 100 mL 부피플라스크에 합한 다음 노말헥산으로 표선을 맞춘다.

③ 이 노말헥산용액 전량을 1.2 mL/분의 속도로 활성규산마그네슘 컬럼을 통과시킨다. 처음의 유출액 약 20 mL는 버리고 그 다음 유출액 50 mL를 증류플라스크에 넣어 앞의 방법과 같은 방법으로 시험한다. 따로 시험에 사용된 노말헥산 50 mL를 증류플라스크에 넣어 시료와 같은 방법으로 조작하여 바탕시험을 행하고 보정한다.

- 비휘발성탄화수소의 유출점은 활성규산마그네슘의 입도와 결합 등에 따라 다소 다를 수 있

으므로 미리 확인하여두면 좋다.

3) 노말헥산추출물질 중 동 · 식물 유지류

① 노말헥산추출물질 중 동·식물유지류의 양은 총노말헥산추출물질의 양에서 노말헥산추출물질 중 광유류의 양의 차로 구한다.

6. 결과보고

1) 총 노말헥산추출물질(mg/L)

$$(a-b)\times\frac{1,000}{V} \qquad \text{(식 1)}$$

여기서, a : 시험전후의 증발용기의 무게(mg)
b : 바탕시험 전후의 증발용기의 무게(mg)
V: 시료의 양(mL)

2) 총 노말헥산추출물질 중 광유류(mg/L)

$$(a-b)\times\frac{100}{50}\times\frac{1000}{V} \qquad \text{(식 2)}$$

여기서, a : 유출액 중의 노말헥산추출물질의 무게(mg)
b : 바탕시험에 의한 잔류물의 무게(mg)
V: 시료의 양(mL)

3) 총 노말헥산추출물질 중 동 · 식물유지류(mg/L)

$$a-b \qquad \text{(식 3)}$$

여기서, a : 총 노말헥산추출물질의 양(mg/L)
b : 총 노말헥산추출물질 중 광유류의 양(mg/L)

연습문제

01 노말헥산추출물질 측정법에 있어서 n-헥산층에 무수황산나트륨을 넣어 흔들어 섞는 이유는?

수분을 제거하기 위함이다.

02 노말헥산 추출물질 측정 개요에 관한 내용으로 옳지 않은 것은?

① 통상 유분의 성분별 선택적 정량이 용이하다.
② 최종 무게 측정을 방해할 가능성이 있는 입자가 존재하는 경우 0.45μm 여과지로 여과한다.
③ 정량한계는 0.5 mg/L이다.
④ 시료를 pH 4 이하의 산성으로 하여 노말헥산층에 용해되는 물질을 노말헥산으로 추출하고 노말헥산을 증발시킨 잔류물의 무게를 구한다.

정답 ①

03 노말헥산추출물질 시험에서 다음과 같은 결과를 얻었다. 노말헥산추출물질의 농도(mg/L)는?

- 건조증발용 플라스크의 무게 : 73.012 g
- 추출건조 후 증발용 플라스크의 잔유물질 무게 : 73.035 g
- 시료의 양 : 2 L

$$\frac{\text{노말헥산추출물질의 양}}{\text{시료량}} = \frac{(73.035-73.012)\times10^3\ \text{mg}}{2\ \text{L}} = 11.5\ \text{mg/L}$$

04 어떤 공장의 폐수 중 노말헥산의 추출물질량을 측정하기 위해 실험을 한 결과 다음 값을 얻었다. 노말헥산추출물질의 농도(mg/L)는?

- 건조증발용 플라스크의 무게 : 76.1452 g
- 추출건조 후 증발용 플라스크의 잔유물질 무게 : 76.1988 g
- 시료의 양 : 500 mL

$$\frac{\text{노말헥산추출물질의 양}}{\text{시료량}} = \frac{(73.1988-73.1452)\times10^3\ \text{mg}}{0.5\ \text{L}} = 107.2\ \text{mg/L}$$

실험 3 부유물질

1. 실험목적

부유물질은 수중에 현탁되어 있는 불용해성 물질로서, 콜로이드입자에서 현탁물까지 여러 가지 형태로 존재한다. 지표수, 지하수, 폐수에 포함된 부유물질을 측정한다.

2. 실험이론 및 주의사항

① 미리 무게를 단 유리섬유여과지(GF/C)를 여과장치에 부착하여 일정량의 시료를 여과시킨 다음 항량으로 건조하여 무게를 달아 여과 전·후의 유리섬유 여과지의 무게차를 산출하여 부유물질의 양을 구하는 방법이다.

② 나무 조각, 큰 모래입자 등과 같은 큰 입자들은 부유물질 측정에 방해를 주며, 이 경우 직경 2 mm 금속망에 먼저 통과시킨 후 분석을 실시한다.

③ 증발잔류물이 1,000 mg/L 이상인 해수, 공장폐수 등은 여과지로 여러 번 세척한다. 그렇지 않으면 높은 부유물질 값을 나타낼 수 있다.

④ 철 또는 칼슘이 높은 시료는 금속 침전이 발생하며 부유물질 측정에 영향을 줄 수 있다.

⑤ 유지 및 혼합되지 않는 유기물도 여과지에 남아 부유물질 측정값을 높게 할 수 있다.

3. 분석기기 및 기구

① 여과장치

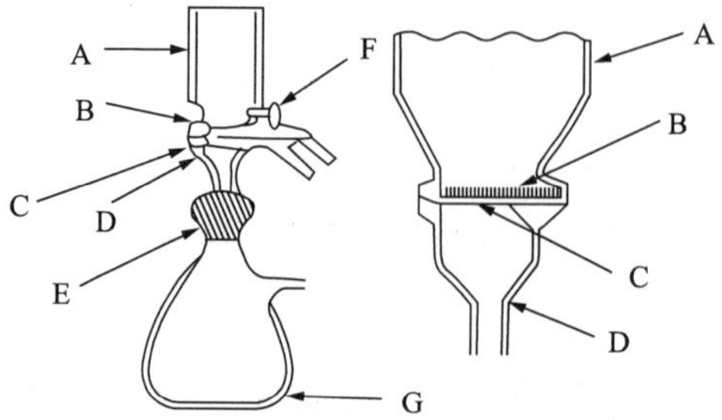

A : 상부 여과관
B : 여과재
C : 여과재 지지대
D : 하부 여과관
E : 고무마개
F : 금속제 집게
G : 흡인병

② 유리섬유여과지(GF/C) : 유리섬유여과지(GF/C)또는 이와 동등한 규격으로 지름 47 mm의 것을 사용한다.

③ 건조기 : 105～110℃에서 건조할 수 있는 건조장치를 사용한다.

④ 데시케이터 : 수분함유에 따라 흡습제가 색변화를 나타내거나 수분함량을 표시할 수 있는 데시케이터를 사용한다.

⑤ 시계접시 : 시계접시 또는 알루미늄 호일 접시로 유리섬유여과지(GF/C)를 담아 건조할 수 있어야 한다.

4. 시약 및 표준용액

① 다이크롬산칼륨·황산용액 : 다이크롬산칼륨($K_2Cr_2O_7$, 분자량 : 294.18) 200 g을 정제수 100 mL에 녹이고 황산(H_2SO_4, 분자량 : 98.08) 1,500 mL를 서서히 넣어 흔들어 섞는다.

5. 분석절차

① 유리섬유여과지(GF/C)를 여과장치에 부착하여 미리 정제수 20 mL씩으로 3회 흡인여과하여 씻은 다음 (시계접시 또는 알루미늄 호일 접시 위에 놓고) 105～110℃의 건조기 안에서 2시간 건조시켜 황산 데시케이터에 넣어 방치하고 냉각한 다음 항량하여 무게를 정밀히 달고, 여과장치에 부착시킨다.

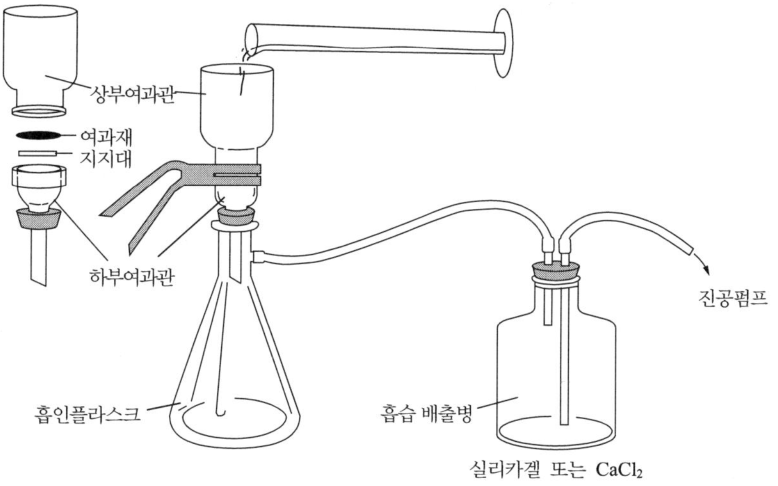

② 시료 적당량(건조 후 부유물질로써 2 mg 이상)을 여과장치에 주입하면서 흡입 여과한다.

· 사용한 여과장치의 하부여과재를 다이크롬산칼륨 · 황산용액에 넣어 침전물을 녹인 다음 정제수로 씻어준다

③ 시료 용기 및 여과장치의 기벽에 붙어있는 부착물질을 소량의 정제수로 유리섬유여과지에 씻어 내린 다음 즉시 여지상의 잔류물을 정제수 10 mL씩 3회 씻어주고 약 3분 동안 계속하여 흡입 여과한다.

· 용존성 염류가 다량 함유되어 있는 시료의 경우에는 흡입장치를 끈 상태에서 정제수를 여지 위에 부은 뒤 흡입여과하는 것을 반복하여 충분히 세척한다.

④ 유리섬유여과지를 핀셋으로 주의하면서 여과장치에서 끄집어내어 시계접시 또는 알루미늄 호일 접시 위에 놓고 105~110℃의 건조기 안에서 2시간 건조시켜 황산 데시케이터에 넣어 방치하고 냉각한 다음 항량으로 하여 무게를 정밀히 단다.

6. 결과보고

여과 전후의 유리섬유여지 무게의 차를 구하여 부유물질의 양으로 한다.

$$\text{부유물질(mg/L)} = (b-a) \times \frac{1,000}{V}$$

여기서, a : 시료 여과 전의 유리섬유여지 무게(mg)

b : 시료 여과 후의 유리섬유여지 무게(mg)

V : 시료의 양(mL)

연습문제

01 다음은 부유물질을 측정 분석절차에 관한 내용이다. ( ) 안에 옳은 내용은?

[유리섬유여과지를 여과장치에 부착하여 미리 정제수 20 mL 씩으로 (A) 흡인 여과하여 씻은 다음 시계접시 또는 알루미늄 호일 접시 위에 놓고 105~110℃의 건조기 안에서 (B) 건조시켜 황산 데시케이터에 넣어 방치하고 냉각한 다음 항량하여 무게를 정밀히 달고 여과장치에 부착시킨다]

A : 3회 B : 2시간

02 부유물질 측정시 간섭물질에 관한 설명과 가장거리가 먼 것은?

① 유지(oil) 및 혼합되지 않는 유기물도 여과지에 남아 부유물질 측정값을 높게 할 수 있다.
② 철 또는 칼슘이 높은 시료는 금속 침전이 발생하며 부유물질 측정에 영향을 줄 수 있다.
③ 나무 조각, 큰 모래입자 등과 같은 큰 입자들은 부유물질 측정에 방해를 주며, 이 경우 직경 2 mm 금속망에 먼저 통과시킨 후 분석을 실시한다.
④ 증발잔유물이 1,000 mg/L 이상인 공장폐수 등은 여과지에 의한 측정 오차를 최소화하기 위해 여과지 세척을 하지 않는다.

정답 ④

03 폐수중의 부유 물질을 측정하고자 실험을 하여 다음과 같은 결과를 얻었다. 폐수중의 부유 물질 양은? ([결과] 시료량 : 100 mL, 시료 여과 전 유리섬유 여지의 무게 : 0.6329 g, 시료 여과 후 유리섬유 여지의 무게 : 0.6531 g)

$$\text{부유물질(mg/L)} = \frac{(0.6531 - 0.6329) \times 10^3 \text{ mg}}{0.1 \text{ L}} = 202 \text{ mg/L}$$

실험 4 용존산소-적정법

1. 실험목적

용존산소는 수중에 용해되어 있는 산소를 말한다. 용존산소는 수생식물과 어패류, 하천의 자정작용에 매우 중요하다. 지표수, 지하수, 폐수의 용존산소를 측정한다.

2. 실험이론 및 주의사항

① 물속에 존재하는 용존산소를 측정하기 위하여 시료에 황산망간을 넣고 염기성으로 만들면 수산화제일망간($Mn(OH)_2$)이 생성되는데, 시료 중의 용존산소에 의하여 산화되어 수산화제이망간($Mn(OH)_3$ 갈색 침전)으로 된다.

$$2NaOH + MnSO_4 \rightarrow Mn(OH)_2\downarrow + Na_2SO_4$$

$$2Mn(OH)_2 + 1/2O_2 + H_2O \rightarrow 2Mn(OH)_3\downarrow$$

② 황산 산성에서 용존산소량에 대응하는 요오드를 유리한다.

$$2Mn(OH)_3 + 2KI + 3H_2SO_4 \rightarrow I_2 + 2MnSO_4 + K_2SO_4 + 6H_2O$$

③ 유리된 요오드를 싸이오황산나트륨으로 적정하여 용존산소의 양을 정량하는 방법이다.

$$I_2 + 2Na_2S_2O_3 \rightarrow 2NaI + Na_2S_4O_6$$

④ 지표수, 지하수, 폐수 등에 적용할 수 있으며, 정량한계는 0.1 mg/L 이다.

- 산소 포화농도의 2배까지 용해(20.0 mg/L)되어 있는 간섭 물질이 존재하지 않는 모든 종류의 물에 적용할 수 있다.

⑤ 간섭물질

시료가 착색되거나 현탁된 경우, 시료 중에 산·환원성 물질이 존재하거나
시료에 미생물 플록(floc)이 형성된 경우

⑥ 과포화 시료 : 물속에 용존된 산소의 양이 표 1에 나타난 것보다 높은 농도를 갖는 시료를 말한다.

표 1. 수중의 용존산소 포화량

온도 (℃)	수중의 염소 이온량(g Cl^-/kg)					
	0	5.0	10.0	15.0	20.0	25.0
	수중의 용존산소 포화량(mg O_2/L)					
0.0	14.621	13.728	12.888	12.097	11.355	10.657
1.0	14.216	13.356	12.545	11.783	11.066	10.392
2.0	13.829	13.000	12.218	11.483	10.790	10.139
3.0	13.460	12.660	11.906	11.195	10.526	9.897
4.0	13.107	12.335	11.607	10.920	10.273	9.664
5.0	12.770	12.024	11.320	10.656	10.031	9.441
6.0	12.447	11.727	11.046	10.404	9.799	9.228
7.0	12.139	11.442	11.783	10.162	9.576	9.023
8.0	11.843	11.169	10.531	9.930	9.362	8.826
9.0	11.559	10.907	10.290	9.707	9.156	8.636
10.0	11.288	10.656	10.058	9.493	8.959	8.454
11.0	11.027	10.415	9.835	9.287	8.769	8.279
12.0	10.777	10.183	9.621	9.089	8.586	8.111
13.0	10.537	9.961	9.416	8.899	8.411	7.949
14.0	10.306	9.747	9.218	8.716	8.242	7.792
15.0	10.084	9.541	9.027	8.540	8.079	7.642
16.0	9.870	9.344	8.844	8.370	7.922	7.496
17.0	9.665	9.153	8.667	8.207	7.770	7.356
18.0	9.467	8.969	8.497	8.049	7.624	7.221
19.0	9.276	8.792	8.333	7.896	7.483	7.090
20.0	9.092	8.621	8.174	7.749	7.346	6.934
21.0	8.915	8.456	8.021	7.607	7.214	6.842
22.0	8.743	8.297	7.873	7.470	7.087	6.723
23.0	8.578	8.143	7.730	7.337	6.963	6.609
24.0	8.418	7.994	7.591	7.208	6.844	6.498
25.0	8.263	7.850	7.457	7.083	6.728	6.390
26.0	8.113	7.711	7.327	6.962	6.615	6.285
27.0	7.968	7.575	7.201	6.845	6.506	6.184
28.0	7.827	7.444	7.079	6.731	6.400	6.085
29.0	7.691	7.317	6.961	6.621	6.297	5.990
30.0	7.559	7.194	6.845	6.513	6.197	5.896

3. 시약 및 표준용액

① 설퍼민산(NH_2SO_2OH, 분자량 : 97.09)

② 수산화나트륨용액(6 M) : 수산화나트륨(NaOH, 분자량 : 40.00) 120 g을 정제수에 녹여 50 mL로 한다.

③ 아세트산(CH_3COOH, 분자량 : 60.05)

④ 아자이드화나트륨용액 : 정제수 80 mL에 아자이드화나트륨(NaN_3, 분자량 : 65.01) 2 g을 녹인 다음 정제수를 넣어 100 mL로 한다.

⑤ 암모니아용액 : 28% 이상 암모니아용액(NH_4OH, 분자량 : 35.05)으로 한다.

⑥ 알칼리성 요오드화칼륨 아자이드화나트륨 용액 : 수산화나트륨 500 g (또는 수산화칼륨(KOH, 분자량 : 56.11) 700 g)과 요오드화나트륨(NaI, 분자량 : 149.90) 135 g (또는 요오드화칼륨(KI, 분자량 : 160.01) 150 g), 아자이드화나트륨 10 g을 정제수 약 800 mL에 녹이고 1 L로 하여 갈색병에 넣어 어두운 곳에서 보관한다. 이 용액은 산성에서 요오드를 유리한다.

· 이 시약을 산성화하면 위해한 산성 연무가 발생할 수 있다.

⑦ 전분용액 : 용해성 전분(starch) 2 g, 살리실산($C_7H_6O_3$, 분자량 : 138.12) 0.2 g을 정제수 10 mL에 녹여 혼화하고, 이를 90℃이상의 정제수 100 mL 중에 넣고 1분간 끓인 다음 냉각하면서 정치한다. 상층액을 사용한다.

⑧ 칼륨명반용액 : 황산알루미늄칼륨 · 12수화물($AlK(SO_4)_2 \cdot 12H_2O$, 분자량 : 474.38) 10 g을 정제수 100 mL에 녹인다.

⑨ 플루오린화칼륨용액 : 플루오린화칼륨(KF, 분자량 : 58.10) 30 g을 정제수 100 mL에 녹인다.

⑩ 싸이오황산나트륨용액(0.025 M)

정제수 약 800 mL에 싸이오황산나트륨 · 5수화물($Na_2S_2O_3 \cdot 5H_2O$, 분자량 : 248.19) 6.205 g을 녹인다. 수산화나트륨용액(6 M) 1.5 mL 또는 수산화나트륨 0.4 g을 넣어 녹인 다음 이를 1 L로 한다. 표준 요오드산수소칼륨 용액으로 표정하여 사용한다.

표정

① 정제수 100~150 mL에 요오드화칼륨(KI, 분자량 : 166.01) 약 2 g을 녹인다.

② 황산용액(3 M) 1 mL(또는 황산 원액 몇 방울), 표준 요오드산수소칼륨용액(0.0021 M) 20 mL를 정제수에 넣는 후 정제수로 200 mL까지 채운다.

$$\text{환원}\quad H(IO_3)_2^- + 11H^+ + 10e^- \rightarrow I_2 + 6H_2O$$

$$\text{산화}\quad 10I^- \rightarrow 5I_2 + 10e^-$$

③ 유리화된 요오드를 싸이오황산나트륨으로 적정한다.

$$2S_2O_3^{2-} + I_2 \rightarrow S_4O_6^{2-} + 2I^-$$

④ 적정의 종말점은 액의 종말점 부근에서 엷은 황색으로 되었을 때, 전분용액 3 mL를 넣어 생긴 청색이 탈색 될 때로 한다.

· 싸이오황산나트륨(0.025 M) 20 mL = 요오드산수소칼륨(0.0021 M) 20 mL

⑪ 황산구리 설퍼민산 용액 : 설퍼민산 32 g을 정제수에 녹이고 475 mL로 한다. 따로 황산구리($CuSO_4 \cdot 5H_2O$, 분자량 : 249.68) 50 g을 정제수에 녹이고 500 mL에 맞춘다. 두 용액을 혼합하고 아세트산 25 mL, 싸이오황산나트륨·5수화물 6.205 g을 정제수에 녹인다. 수산화나트륨용액(6 M) 1.5 mL 또는 수산화나트륨 0.4 g을 넣어 녹인 다음 정제수를 넣어 1 L로 한다. 아이오딘용액으로 표정한다.

⑫ 황산망간용액 : 황산망간·4수화물($MnSO_4 \cdot 4H_2O$, 분자량 : 223.06) 480 g (또는 황산망간·2수화물(분자량 : 187.04) 400 g), 황산망간·1수화물(분자량 : 169.02) 364 g을 정제수에 녹이고 1 L로 한다. 황산망간 용액은 산성화된 요오드화칼륨용액을 주입하면 녹말과 반응하여 발색하지 않는다.

⑬ 황산용액(3 M) : 황산(H_2SO_4, 분자량 : 98.08) 180 mL를 정제수 1 L중에 섞으면서 천천히 넣어 식힌다.

⑭ 표준 요오드산수소칼륨 용액(0.0021 M) : 요오드산수소칼륨($KH(IO_3)_2$, 분자량 = 389.91) 약 812.4 mg을 정제수 1000 mL에 녹인다.

4. 분석절차

1) 전처리

시료가 현저히 착색되어 있거나 현탁되어 있을 때에는 용존산소의 정량이 곤란하다. 또한 시료에 미생물 플록(floc)이 형성되었을 경우에도 정확한 정량이 이루어질 수 없다. 시료 중에 잔류염소와 같은 산화성 물질이 공존할 경우에도 용존산소의 정량이 방해받는다. 이러한 경우에는 다음과 같이 시료를 전처리 한다.

1–1) 시료의 착색 · 현탁된 경우

① 시료를 마개가 있는 1 L 유리병(마개는 접촉부분이 45°로 절단되어 있는 것)에 기울여서 기포가 생기지 않도록 조심하면서 가득 채운다.

② 칼륨명반용액 10 mL와 암모니아수 1~2 mL를 유리병의 위로부터 넣고, 공기(피펫의 공기)가 들어가지 않도록 주의하면서 마개를 닫고 조용히 상·하를 바꾸어 가면서 1분간 흔들어 섞고 10분간 정치하여 현탁물을 침강시킨다.

③ 상층액을 고무관 또는 폴리에틸렌관을 이용하여 사이펀작용으로 300 mL BOD병에 채운다. 이때 아래로부터 침강된 응집물이 들어가지 않도록 주의하면서 가득 채운다.

1-2) 황산구리-설퍼민산법(미생물 플럭(floc)이 형성된 경우)

① 시료를 마개가 있는 1 L 유리병(마개는 접촉부분이 45°로 절단되어 있는 것)에 기울여서 기포가 생기지 않도록 조심하면서 가득 채운다.

② 황산구리-설퍼민산용액 10 mL를 유리병의 위로부터 넣고 공기가 들어가지 않도록 주의하면서 마개를 닫고 조용히 상·하를 바꾸어 가면서 1분간 흔들어 섞고 10분간 정치하여 현탁물을 침강시킨다.

③ 깨끗한 상층액을 고무관 또는 폴리에틸렌 관을 이용하여 사이펀작용으로 300 mL BOD병에 채운다. 이때 아래로부터 침강된 응집물이 들어가지 않도록 주의하면서 가득 채운다.

1-3) 산화성 물질을 함유한 경우(잔류염소)

① 시료 중에는 잔류염소 등이 함유되어 있을 때에는 별도의 바탕시험을 시행한다.

② 용존산소측정병에 시료를 가득 채운 다음, 알칼리성 요오드화칼륨-아자이드화나트륨 용액 1 mL와 황산 1 mL를 넣은 후 마개를 닫는다.

· **잔류염소는 산성용액중에서 요오드 이온(I^-)을 산화(I_2)시키기 때문에 실제 용존산소량보다 높게 측정된다. 잔류염소의 방해를 제거하기 위해 N_3^-를 첨가한다.**

③ 시료를 넣은 병을 상·하를 바꾸어 가면서 약 1분간 흔들어 섞는다.

④ 여기에 황산망간용액 1 mL를 넣고 다시 상·하를 바꾸어 가면서 흔들어 섞은 다음 이 용액 200 mL를 취하여 삼각플라스크에 옮긴다.

⑤ 전분용액을 지시약으로 하여 싸이오황산나트륨용액(0.025 M)으로 적정하고 그 측정값을 용존산소량의 측정값에 보정한다.

1-4) 산화성 물질을 함유한 경우(Fe(Ⅲ))

① Fe(Ⅲ) 100 mg/L~200 mg/L가 함유되어 있는 시료의 경우, **황산을 첨가하기 전에 플루오린화칼륨 용액**(30g/100mL) 1 mL를 가한다.

· 제2철(Fe^{3+})은 요오드 이온(I^-)을 산화시킨다. F^-로 Fe^{3+}을 가려준다.([FeF_6^{3-}])

$$2Fe^{3+} + 2I^- \rightarrow 2Fe^{2+} + 2I_2$$

2) 분석방법

① 시료를 가득 채운 300 mL BOD병에 황산망간용액 1 mL, 알칼리성 요오드화칼륨-아

자이드화나트륨용액 1 mL 넣고 기포가 남지 않게 조심하여 마개를 닫고 병을 수회 회전하면서 섞는다.

② 2분 이상 정치시킨 후에, 상층액에 미세한 침전이 남아 있으면 다시 회전시켜 혼화한 다음 정치하여 완전히 침전시킨다.

③ 100 mL 이상의 맑은 층이 생기면 마개를 열고 황산 2 mL를 병목으로부터 넣는다. 갈색의 침전물이 생긴다.

④ 마개를 다시 닫고 갈색의 침전물이 완전히 용해할 때까지 병을 회전시킨다.

⑤ BOD병의 용액 200 mL를 정확히 취하여 황색이 될 때까지 싸이오황산나트륨 용액(0.025 M)으로 적정한 다음, 전분용액 1 mL를 넣어 용액을 청색으로 만든다. 이후 다시 **싸이오황산나트륨용액**(0.025 M)**으로 용액이 청색에서 무색이 될 때까지** 적정한다.

5. 결과보고

1) 용존산소 농도 산정방법

$$\text{용존산소(mg/L)} = a \times f \times \frac{V_1}{V_2} \times \frac{1,000}{V_1 - R} \times 0.2 \qquad (\text{식 } 1)$$

여기서, a : 적정에 소비된 싸이오황산나트륨용액(0.025 M)의 양(mL)

f : 싸이오황산나트륨(0.025 M)의 인자(factor)

V_1 : 전체 시료의 양(mL)

V_2 : 적정에 사용한 시료의 양(mL)

R : 황산망간 용액과 알칼리성 요오드화칼륨-아자이드화나트륨 용액 첨가량(mL)

2) 용존산소 포화율 산정방법

용존산소량을 포화율로 나타낼 경우에는 표 1로부터 시료의 온도와 염소이온농도에 일치하는 값을 찾아내서 다음 식에 의하여 계산한다.

$$\text{용존산소포화율(\%)} = \frac{\mathrm{DO}}{\mathrm{DO_t} \times \mathrm{B}/760} \times 100 \qquad (\text{식 } 2)$$

여기서, DO : 시료의 용존산소량(mg/L)

DOt : 수중의 용존산소 포화량(mg/L)

B : 시료채취시의 대기압(mmHg)

참고 용존산소-전극법

1. 실험이론 및 주의사항

① 시료중의 용존산소가 격막을 통과하여 전극의 표면에서 산화, 환원반응을 일으키고 이때 산소의 농도에 비례하여 전류가 흐르게 되는데, 이 전류량으로부터 용존산소량을 측정하는 방법이다.

$$\text{양극} \quad O_2 + 2H_2O + 4e^- \rightarrow 4OH^-$$

$$\text{음극} \quad 2Pb \rightarrow 2Pb^{2+} + 4e^-$$

② 지표수, 지하수, 폐수 등에 적용할 수 있으며, 정량한계는 0.5 mg/L이다.

- 특히 산화성 물질이 함유된 시료나 착색된 시료와 같이 윙클러-아자이드화 나트륨변법을 적용할 수 없는 폐하수의 용존산소 측정에 유용하게 사용할 수 있다.

③ 격막 필름은 가스를 선택적으로 통과시키지 못하므로 장시간 사용 시 황화수소(H_2S) 가스의 유입으로 감도가 낮아질 수 있다. 따라서 주기적으로 격막 교체와 기기보정이 필요하다.

2. 분석기기 및 시약

① 용존산소측정기 : 폴라로그래프 혹은 갈바닉 전극 및 이와 동등한 전극을 사용하여 용존 산소를 측정하고, 소숫점 첫째자리까지 표시할 수 있어야 한다.
② 자석 교반기 : 폴리테트라플루오로에틸렌(PTFE, polytetrafluoroethylene) 코팅이 된 자석교반기로 회전속도가 조절 가능하며 일정하게 유지될 수 있어야 한다.
③ BOD병 : 300 mL BOD병으로 용존산소 프로브(probe)와 정확히 일치하는 것을 사용한다.
④ 영점용액 : 정제수 또는 교정용 시료 200 mL에 무수아황산나트륨(Na_2SO_3, 분자량 : 126.04) 10 g을 녹여 용존산소를 제거하여 사용한다.

$$O_2 + 2Na_2SO_3 \rightarrow 2Na_2SO_4$$

3. 분석절차

① 현장 측정의 경우

안정적인 측정 결과를 얻기 위해서는 제조사에서 보증하는 방법을 통해 측정하여야 한다. 안정화된 전극의 격막이 시료에 충분히 잠겨서 접촉할 수 있도록 하여 측정결과가 안정되면 그 결과 값을 기록한다.

② 실험실 측정의 경우

안정적인 측정 결과를 얻기 위해서는 제조사에서 보증하는 방법을 통해 측정하여야 한다. 300 mL BOD에 채취한 시료는 기포가 들어가지 않도록 조심하여 마개를 제거하고, 전극을 담가 측정결과가 안정되면 그 결과 값을 기록한다.

연습문제

01 다음은 용존산소-적정법에 관한 설명이다. ( )안에 적합한 시약명을 쓰시오.

> 물속에 존재하는 용존산소를 측정하기 위하여 시료에 황산망간을 넣고 염기성으로 만들면 수산화제일망간이 생성되는데, 시료중의 용존산소에 의하여 산화되어 수산화제일망간이 ( )으로 된다.
> 황산 산성에서 용존산소량에 대응하는 ( )를 유리한다.
> 유리된 ( )를 ( )으로 적정하여 용존산소의 양을 정량하는 방법이다.

정답. 수산화제이망간, 요오드, 요오드, 싸이오황산나트륨

02 공장폐수의 DO를 측정하기 위하여 시료 300 mL를 취하여 적정법으로 처리하고 200 mL를 분취하여, 0.025 N-$Na_2S_2O_3$로 적정하니 5 mL가 소모되었다. 이 폐수의 DO는 몇 mg/L인가?
(단, 0.025 N-$Na_2S_2O_3$ 역가는 1.04, 전체시료량에 넣은 시약은 2 mL이다)

$$\text{용존산소} = a \times f \times \frac{V_1}{V_2} \times \frac{1000}{V_1 - R} \times 0.2 = 5 \times 1.04 \times \frac{300}{200} \times \frac{1000}{300-2} \times 0.2 = 5.23\ \text{mg/L}$$

03 하천수의 용존산소를 적정법으로 측정할 때 시료 100 mL에 대해 N/40 싸이오황산나트륨 용액의 적정치 2.2 mL를 요한다. 이 하천수의 용존산소량 포화율은 대략 몇 %인가?
(단 하천수의 수온은 20℃, 포화용존산소농도는 9.0 mg/L로 한다)

> - N/40 싸이오황산나트륨의 역가 1.0이다.
> - R값은 2.0이다.
> - 시료채취시 대기압은 684 mmHg 이다.

$$\text{용존산소} = 2.2 \times 1 \times \frac{300}{100} \times \frac{1000}{300-2} \times 0.2 = 4.43\ \text{mg/L}$$

$$\text{용존산소포화율}(\%) = \frac{\text{DO}}{\text{DO}_\text{T} \times \text{B}/760} \times 100 = \frac{4.43}{9 \times 684/760} \times 100 = 54.69\%$$

04 용존산소를 전극법으로 측정할 때에 관한 내용으로 틀린 것은?

① 정량한계는 0.1 mg/L이다.

② 격막 필름은 가스를 선택적으로 통과시키지 못하므로 장시간 사용 시 황화수소 가스의 유입으로 감도가 낮아 질 수 있다.

③ 정확도는 수중의 용존산소를 윙클러 아자이드화나트륨 변법으로 측정한 결과와 비교하여 산출한다.

④ 정확도는 4회 이상 측정하여 측정 평균값의 상대 백분율로서 나타내며 그 값이 95%～105% 이내이어야 한다.

정답 ① 전극법 정량한계 : 0.5 mg/L

실험 5 생물화학적 산소요구량

1. 실험목적

수질오염은 유해성 금속이나 부영양화 등도 있지만 유기물질에 의한 수질악화가 주요인이다. 생물화학적 산소요구량(BOD)은 수중의 유기물질의 양을 표현하는 지표로서 지표수, 지하수, 폐수의 BOD를 측정하고자 한다.

2. 실험이론 및 주의사항

① BOD 측정은 하·폐수 중에 함유된 유기물질이 수중의 호기성 미생물(박테리아, 플랑크톤 등)에 의해 분해될 때 산화작용 및 미생물 호흡 작용 등으로 산소가 소비되는 현상을 이용하여, 산소 소비량으로부터 미생물에 의해 분해되는 유기물의 양을 측정할 수 있다.

② 물속에 존재하는 생물화학적 산소요구량을 측정하기 위하여 시료를 20℃에서 5일간 저장하여 두었을 때 시료중의 호기성 미생물의 증식과 호흡작용에 의하여 소비되는 용존산소의 양으로부터 측정하는 방법이다.

③ 배양일수에 대한 BOD값을 나타낸 그림으로, 처음에는 산소소비가 시간에 따라 완만하게 진행되는데 탄소화합물에 대한 BOD로, 8~10일 후에는 질소화합물의 산화가 일어나기 때문에 변곡점을 나타낸다(NOD).

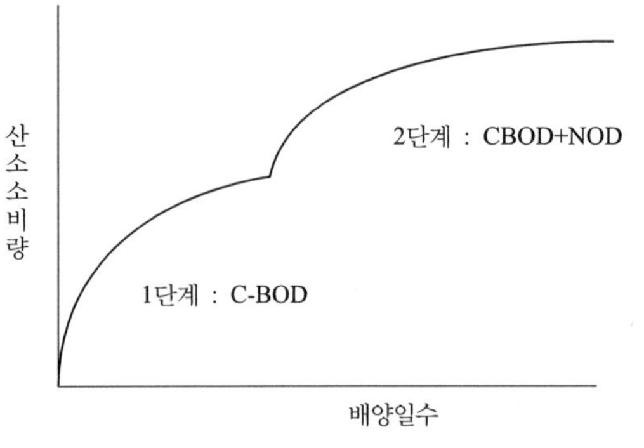

④ 시료 중 용존산소의 양이 소비되는 산소의 양보다 적을 때에는 시료를 희석수로 적당히 희석하여 사용한다.

⑤ 공장폐수나 혐기성 발효의 상태에 있는 시료는 호기성 산화에 필요한 미생물을 식종하여야 한다.

⑥ 시료가 산성 또는 알칼리성을 나타내거나 잔류염소 등 산화성 물질을 함유하였거나 용존산소가 과포화 되어 있을 때에는 BOD 측정이 간섭 받을 수 있으므로 전처리를 행한다.

· 겨울에 채취한 하천수 등의 시료는 20℃ 이하이고, 여름철에는 녹조류의 광합성 작용으로 용존산소가 과포화되기 쉽다. 용존산소가 과포화 상태이거나 시료의 수온이 20℃보다 높거나 낮을 때에는 냉각 또는 가온하면서 5~10분간 포기하여 산소를 평형(20℃, 8.84 mg/L) 시킨 다음 20℃ 항온기에 보관하는 것이 좋다.

⑦ 탄소BOD를 측정할 때, 시료 중 질산화 미생물이 충분히 존재할 경우 유기 및 암모니아성 질소 등의 환원상태 질소화합물질이 BOD 결과를 높게 만든다. 적절한 질산화 억제 시약을 사용하여 질소에 의한 산소 소비를 방지한다.

$$NH_4^+ + 3/2O_2 \xrightarrow{\text{아질산균}} 2H^+ + NO_2^- + H_2O$$

$$NO_2^- + 1/2O_2 \xrightarrow{\text{질산균}} NO_3^-$$

⑧ 시료는 시험하기 바로 전에 온도를 (20±1)℃로 조정한다.

3. 분석기기 및 기구

① BOD병 : 300 mL BOD병을 사용하는 것을 원칙으로 하나 부득이 한 경우 60 mL 이상의 BOD 병을 사용한다.

② 배양기 : 온도를 (20±1)℃로 조정할 수 있는 공기 순환형 배양기 또는 물중탕조로 광합성에 의한 산소 생산을 방지하기 위해 모든 빛을 차단한 배양 장치를 사용한다.

4. 시약 및 표준용액

모든 시약을 미리 준비하되 침전 또는 미생물의 증식이 관찰될 경우 버린다. 가능한 고순도의 시약을 사용하며 시약 제조 시 멸균된 정제수 사용을 권장한다.

1) 시약

① 염산용액(1 M) : 정제수 약 500 mL에 진한 염산(HCl, 분자량 : 36.46, 비중 : 1.18, 함량 : 36.5%~38%) 90 mL에 흔들며 천천히 가한 후 정제수를 넣어 1,000 mL로 한다.

② 수산화나트륨용액(1 M) : 수산화나트륨(NaOH, 분자량 : 40.00) 40 g을 정제수에 녹여 1 L로 한다.

③ 아황산나트륨용액(0.025 N) : 아황산나트륨(Na_2SO_3, 분자량 : 126.04) 1.6 g을 정제수에 녹여 1,000 mL로 만든다. 아황산나트륨 용액은 반드시 사용할 때 제조한다.

④ 염화철(Ⅲ)용액(BOD용) : 염화철(Ⅲ) · 6수화물($FeCl_3 \cdot 6H_2O$, 분자량: 270.32) 0.25 g을 정제수에 녹여 1,000 mL로 한다.

⑤ 염화칼슘용액 : 염화칼슘($CaCl_2$, 분자량 : 110.98) 27.5 g을 물에 녹여 1,000 mL로 한다.

⑥ 인산염완충용액(pH 7.2) : K_2HPO_4 (Mw : 174.18) 21.75 g, KH_2PO_4 (Mw : 136.09) 8.5 g, $Na_2HPO_4 \cdot 12H_2O$ (Mw : 182.58) 44.6 g, NH_4Cl (Mw : 53.49) 1.7 g을 정제수에 녹여 1,000 mL로 한다. 이 완충액의 pH는 7.2이어야 하며, 미생물이 증식하면 사용할 수 없다.

⑦ 질산화 억제 시약
  (1) **ATU 용액** : ATU (allylthiourea, $C_4H_8N_2S$, 분자량 : 116.19) 40 g을 정제수에 녹여 1 L로 한다.
  (2) **TCMP** : 순수한 TCMP (2-chloro-6(trichloromethyl) pyridine, $C_6H_3Cl_4N$, 분자량 : 230.19)을 사용한다.

⑧ 황산마그네슘용액 : 황산마그네슘 · 7수화물($MgSO_4 \cdot 7H_2O$, 분자량 : 246.51) 22.5 g을 정제수에 녹여 1,000 mL로 한다.

⑨ BOD용 희석수 : 온도를 20℃로 조절한 물을 솜으로 막은 유리병에 넣고 용존산소가 포화되도록 충분한 기간 동안 정치하거나, 물이 완전히 채워지지 않은 병에 넣어 흔들어서 포화시키거나 압축공기를 넣어 준다. 필요한 양을 취하여 유리병에 넣고 1,000 mL에 대하여 인산염완충용액(pH 7.2), 황산마그네슘용액, 염화칼슘용액 및 염화철(Ⅲ)용액(BOD용) 각 1 mL씩을 넣는다. 이 액의 pH는 7.2이다.
pH 7.2가 아닐 때에는 염산용액(1 M) 또는 수산화나트륨용액(1 M)을 넣어 조절하여야 한다. 이 액을 (20±1)℃에서 5일간 저장하였을 때 용액의 용존산소 감소는 0.2 mg/L 이하이어야 한다.

⑩ BOD용 식종수 : 하수 또는 하천수를 실온에서 24시간~36시간 가라앉힌 다음 상층액을 사용한다. 하수를 사용할 경우 5~10 mL, 하천수의 경우 10~50 mL을 취하고 희석수를 넣어 1,000 mL로 한다. 토양추출액을 사용할 경우에는 식물이 살고 있는 곳의 토양 약 200 g을 물 2 L에 넣어 교반하여 약 25시간 방치한 후 그 상층액 20~30 mL/L을 취하여 희석수 1,000 mL로 한다. 식종수는 사용할 때 조제한다.

⑪ BOD용 식종 희석수 : 시료 중에 유기물질을 산화시킬 수 있는 미생물의 양이 충분하지 못할 때, 미생물을 시료에 넣어 주는 것을 말한다.

2) 표준용액

① 글루코오스-글루탐산 표준용액 : 103℃에서 1시간 건조한 글루코오스($C_6H_{12}O_6$, 분자량 : 180.16) 150 mg과 글루탐산($C_5H_9NO_4$, 분자량 : 147.13) 150 mg을 정제수로 녹여 1 L로 한다. 글루코오스-글루탐산 표준용액은 사용할 때 제조한다.

5. 분석절차

1) 전처리

① **pH가 6.5~8.5의 범위를 벗어나는 산성 또는 알칼리성 시료**는 염산용액(1 M) 또는 수산화나트륨용액(1 M)으로 시료를 중화하여 pH 7~7.2로 맞춘다. 다만 이때 넣어주는 염산 또는 수산화나트륨의 양이 **시료량의 0.5%가 넘지 않도록** 하여야 한다. pH가 조정된 시료는 반드시 식종을 실시한다.

② 가능한 한 염소소독 전에 시료를 채취한다. 그러나 **잔류염소를 함유한 시료**는 시료 100 mL에 아자이드화나트륨 0.1 g과 요오드화칼륨 1 g을 넣고 흔들어 섞은 다음 염산을 넣어 산성으로 한다.(약 pH 1)

③ 유리된 요오드를 전분지시약을 사용하여 아황산나트륨용액(0.025 N)으로 액의 색깔이 청색에서 무색으로 변화될 때까지 적정하여 얻은 아황산나트륨용액(0.025 N)의 소비된 부피(mL)를 남아 있는 시료의 양에 대응하여 넣어 준다. 일반적으로 잔류염소를 함유한 시료는 반드시 식종을 실시한다.

④ **수온이 20℃ 이하일 때 용존산소가 과포화 되어 있을 경우**에는 수온을 23~25℃로 상승시킨 이후에 15분간 통기하고 방치하고 냉각하여 수온을 다시 20℃로 한다.

⑤ 기타 독성을 나타내는 시료에 대해서는 그 독성을 제거한 후 식종을 실시한다.

2) 분석방법

① 시료(또는 전처리한 시료)의 예상 BOD값으로부터 단계적으로 희석배율을 정하여 3~5종의 희석시료를 2개를 한 조로 하여 조제한다. 예상 BOD값에 대한 사전경험이 없을 때에는 희석하여 시료를 조제한다.

· 오염정도가 심한 공장폐수는 0.1~1.0%, 처리하지 않은 공장폐수와 침전된 하수는 1~5%, 처리하여 방류된 공장폐수는 5~25%, 오염된 하천수는 25~100%의 시료가 함유되도록 희석 조제한다.

② BOD용 희석수 또는 BOD용 식종희석수를 사용하여 시료를 희석할 때에는 2 L 부피실린더에 공기가 갇히지 않게 조심하면서 반만큼 채우고, 시료(또는 전처리한 시료) 적당량을 넣은 다음 BOD용 희석수 또는 식종 희석수로 희석배율에 맞는 눈금의 높이까지 채운다.

③ 공기가 갇히지 않게 젖은 막대로 조심하면서 섞고 2개의 300 mL BOD병에 완전히 채운 다음, 한 병은 마개를 꼭 닫아 물로 마개주위를 밀봉하여 BOD용 배양기에 넣고 어두운 상태에서 5일간 배양한다. 이때 온도는 20℃로 항온 한다. 나머지 한 병은 15분간 방치 후에 희석된 시료 자체의 초기 용존산소를 측정하는데 사용한다.

④ 같은 방법으로 미리 정해진 희석배율에 따라 몇 개의 희석 시료를 조제하여 2개의 300 mL BOD병에 완전히 채운 ③과 같이 실험한다. 처음의 희석 시료 자체의 용존산소량과 20℃에서 5일간 배양할 때 소비된 용존산소의 양을 용존산소 측정법에 따라 측정하여 구한다.

⑤ 5일 저장기간 동안 산소의 소비량이 40~70% 범위안의 희석 시료를 선택하여 초기용존산소량과 5일간 배양한 다음 남아 있는 용존산소량의 차로부터 BOD를 계산한다.

⑥ 시료를 식종하여 BOD를 측정할 때는 실험에 사용한 식종액을 희석수로 단계적으로 희석한 이후에 위의 실험방법에 따라 실험하고 배양후의 산소 소비량이 40~70% 범위 안에 있는 식종 희석수를 선택하여 배양전후의 용존산소량과 식종액 함유율을 구하고 시료의 BOD 값을 보정한다.

⑦ BOD용 희석수 및 BOD용 식종희석수의 검토

(1) 시료(또는 전처리한 시료)를 BOD용 희석수(또는 BOD용 식종희석수)를 사용하여 희석할 때에 이들 중에 독성물질이 함유되어 있거나 구리, 납 및 아연 등의 금속이온이 함유된 시료는 호기성 미생물의 증식에 영향을 주어 정상적인 BOD값을 나타내지 않는다. 이 경우에 다음의 시험을 행하여 적정여부를 검토한다.

(2) 글루코오스 및 글루타민산 각 150 mg씩을 취하여 물에 녹여 1,000 mL로 한 액

5～10 mL를 3개의 300 mL BOD병에 넣고 BOD용 희석수(또는 BOD용 식종희석수)를 완전히 채운다음 이하 BOD시험방법에 따라 시험한다.

(3) 이때 측정하여 얻은 BOD 값은 (200±30) mg/L의 범위 안에 있어야 한다. 얻은 BOD 값의 편차가 클 때에는 BOD용 희석수(또는 BOD용 식종희석수) 및 시료에 문제점이 있으므로 시험전반에 대한 검토가 필요하다.

⑧ 질산화 억제 시약의 첨가

(1) TCMP : 희석된 시료 1 L 당 순수한 고체 TCMP 10 mg (300 mL BOD병에 직접 넣을 경우 3 mg을 첨가함)을 가하여 충분히 혼합한다. TCMP는 BOD병을 시료로 2/3 이상 채운 후 가한다.

(2) ATU 용액 : ATU 용액 1 mL을 1 L 희석시료에 가한다. (300 mL BOD병에 0.3 mL 첨가) ATU 용액은 용기를 2/3 이상 채운 후 첨가한다.

· TCMP 사용을 권장하나 ATU 용액을 사용하여도 무방하다.
· 질산화 억제 시약을 첨가 후에는 반드시 식종을 해야 한다.

6. 결과보고

1) 식종하지 않은 시료

$$BOD(mg/L) = (D_1 - D_2) \times P \qquad (식\ 1)$$

여기서, D_1 : 15분간 방치된 후의 희석(조제)한 시료의 DO(mg/L)
D_2 : 5일간 배양한 다음의 희석(조제)한 시료의 DO(mg/L)
P : 희석시료 중 시료의 희석배수(희석시료량/시료량)

2) 식종희석수를 사용한 시료

$$BOD(mg/L) = [\,(D_1 - D_2) - (B_1 - B_2) \times f\,] \times P \qquad (식\ 2)$$

여기서, D_1 : 15분간 방치된 후의 희석(조제)한 시료의 DO(mg/L)
D_2 : 5일간 배양한 다음의 희석(조제)한 시료의 DO(mg/L)
B_1 : 식종액의 BOD를 측정할 때 희석된 식종액의 배양전 DO(mg/L)
B_2 : 식종액의 BOD를 측정할 때 희석된 식종액의 배양후 DO(mg/L)
f : 희석시료 중의 식종액 함유율(x%)과 희석한 식종액 중의 식종액 함유율(y%)의 비(x/y)
P : 희석시료 중 시료의 희석배수(희석시료량/시료량)

3) 결과보고 : 분석결과는 소수첫째자리까지 표기한다.

연습문제

01 BOD 측정시 사용되는 ATU 용액, TCMP 시약의 역할은?

탄소성 BOD 측정시 사용되는 질산화 억제시약이다.

02 BOD 실험을 위해 원수를 50배 희석하고 이 중 150 mL를 300 mL BOD병에 취한 후 최초 DO는 7 mg/L였고, 5일 후 DO는 4 mg/L이었다면 BOD는 얼마인가?

$$\mathrm{BOD(mg/L)} = (D_1 - D_2)\times P = (7-4)\times\frac{300}{150}\times 50 = 300\ \mathrm{mg/L}$$

03 BOD 실험에서 배양기간 중에 4 mg/L의 용존산소 소모를 바란다면 BOD 300 mg/L로 추정되는 폐수라 할 때 300 mL 부란병에 취하는 시료는 몇 mL가 적당하겠는가?

$$\mathrm{BOD(mg/L)} = (D_1 - D_2)\times P$$

$$300\ \mathrm{mg/L} = 4\times\frac{300}{x} \qquad \therefore x = 4\ \mathrm{mL}$$

04 어떤 공장폐수의 BOD를 측정하기 위하여 검수에 식종희석수를 넣어서 40배로 희석하여 20℃의 부란기에 넣어 5일간 배양했다. 이 희석검수의 처음 DO는 8.4 mg/L, 5일 후 DO는 3.4 mg/L였다. 식종희석수의 BOD가 1 mg/L였다면, BOD는 얼마인가?

$$\mathrm{BOD(mg/L)} = (D_1 - D_2)\times P - (B_1 - B_2)\times(P-1)$$

$$= (8.4-3.4)\times 40 - 1\times(40-1) = 161\ \mathrm{mg/L}$$

실험 6 화학적 산소요구량

1. 목적

화학적 산소요구량(COD)은 수중의 유기물을 화학적으로 산화할 때 소비하는 산소량으로, 지하수, 지표수, 폐수의 COD를 파악하고자 한다.
COD 값은 시험에 사용하는 산화제의 종류, 농도, 온도, 시간 등의 반응조건에 강한 영향을 받는다. 수중유기물의 절대량을 나타내는 것은 아니며 주로 총탄소의 농도에 관한 척도이다.
COD의 시험에 사용되는 산화제로는 $KMnO_4$가 가장 알려져 있으나, 산화가 불완전하며 반응조건에 의한 영향이 큰 것 등이 결점이다. 비교적 산화율이 높고 수중 유기물의 총량에 가까운 값을 얻는 방법으로 $K_2Cr_2O_7$을 이용한다.
유리기구류나 공기로부터 유기물의 오염이 되지 않게 주의하고 사용하는 정제수에 유기물이 없는지 확인해야 한다.

2. 분석기기 및 기구

① 둥근바닥플라스크 : 300 mL의 둥근바닥플라스크 또는 이와 동등한 것을 사용한다.
② 리비히 냉각관 : 300 mm 리비히 냉각관 또는 이와 동등한 것으로서 플라스크와 연결부분이 맞는 것을 사용한다.
③ 물 중탕기(water bath)
④ 가열판(1.4 W/cm^2) 또는 맨틀 히터 (다이크롬산칼륨법에서 사용)

6-1 COD-적정법 : 산성과망간산칼륨법

1. 실험이론 및 주의사항

① $KMnO_4$법은 실험이 간단하고 신속하므로 동일 성질의 하수에 대하여 유기물 농도의 변화를 알고자 할 때와 BOD시험에서 희석도를 구하려 할 때에 편리하다. 특히 독성물질을 함유한 오수에 적당하다.

② 시료를 황산산성으로 하여 $KMnO_4$ 일정과량을 넣고 30분간 수욕상에서 가열반응시키면 유기물은 산화되고 MnO_4^-은 환원(Mn^{2+})된다. 이후 **일정량의 $Na_2C_2O_4$을 가하여 미반응의 MnO_4^-를 분해한다.** 다시 잔존하는 $C_2O_4^{2-}$를 과망간산칼륨 표준용액으로 역적정한다. 소비된 과망간산칼륨량으로부터 이에 상당하는 산소의 양을 측정하는 방법이다.

$$\text{환원}\quad MnO_4^- + 8H^+ + 5e^- \rightleftarrows Mn^{2+} + 4H_2O$$
$$\text{산화}\quad C_2O_4^{2-} \rightleftarrows 2CO_2 + 2e^-$$

$$2MnO_4^- + 5C_2O_4^{2-} + 16H^+ \rightleftarrows 2Mn^{2+} + 10CO_2 + 8H_2O$$

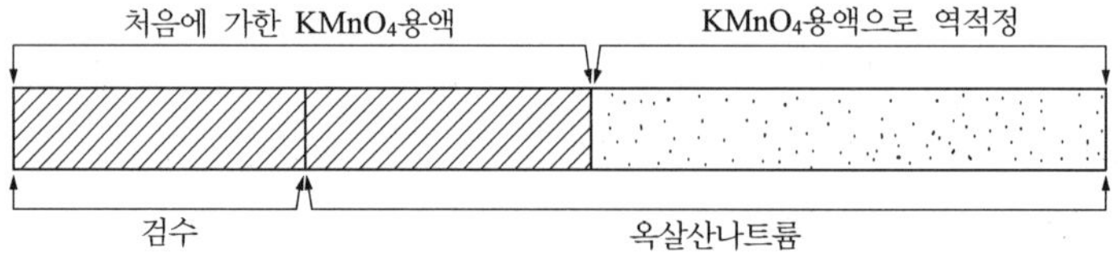

③ 탄소질의 유기물은 산화시키기 쉽지만 질소질 유기물은 산화시키기 어렵다. 또 환원성 무기염인 아질산염, 제1철염, 황화물 등도 산화한다. 따라서 시험은 시료채취 후 바로 실시해야 한다. 본 법은 가열과정 중에 산화환원 반응이 진행되므로 물중탕의 온도, 가열시간의 작은 차이가 오차의 원인이 된다.

④ 이 시험기준은 지표수, 지하수, 폐수 등에 적용하며, 염소이온이 2,000 mg/L 이하인 시료(100 mg)에 적용한다.

2. 간섭물질

① 염소이온은 과망간산에 의해 정량적으로 산화되어 양의 오차를 유발하므로 황산은을 첨가하여 염소이온의 간섭을 제거한다.

② 아질산염은 아질산성 질소 1 mg 당 1.1 mg의 산소를 소모하여 COD값의 오차를 유발한다. 아질산염의 방해가 우려되면 아질산성 질소 1 mg 당 10 mg의 설파민산을 넣어 간섭을 제거한다.

· 설파민산은 아질산을 분해제거한다.

$HNO_2 + H_2N\,SO_2OH \rightarrow N_2 + H_2SO_4 + H_2O$

③ 제일철이온, 아황산염 등 실험 조건에서 산화되는 물질이 있을 때에 해당되는 COD값을 정량적으로 빼주어야 한다.

④ 가열과정에서 오차가 발생할 수 있으므로 물중탕의 온도와 가열시간을 잘 지켜야 한다.

3. 시약 및 표준용액

① 과망간산칼륨용액(0.02 M) : 과망간산칼륨($KMnO_4$, 분자량 : 158.03) 3.2 g을 약 1,100 mL의 정제수에 녹여 1～2시간 조용히 끓인 다음 하루 동안 암소에 방치하고 유리여과장치에 여과하여 깨끗한 갈색 병에 넣어 암소에 보관한다.

표정

① 150～200℃에서 1시간 건조하여 황산 건조용기에서 식힌 옥살산나트륨(표준시약) 약 0.3 g을 정밀히 달아 500 mL 삼각플라스크에 넣고 정제수 200 mL를 넣어 녹인다.

② 여기에 황산(1+1) 10 mL를 넣고 가열판 상에서 60～80℃로 액체의 온도를 유지하면서 조제한 과망간산칼륨용액으로 적정한다.

③ 처음에 약 40 mL는 신속하게 넣어 반응시키고 다음에는 서서히 적정하여 과망간산칼륨의 엷은 홍색이 약 30초간 지속되면 종말점으로 한다. 따로 정제수 200 mL를 취하여 같은 방법으로 시험하고 보정한다.

· 과망간산칼륨용액(0.02 M) 1 mL = 6.700 mg $Na_2C_2O_4$

② 과망간산칼륨용액(0.005 M) : 과망간산칼륨용액(0.02 M) 250 mL를 정확히 취하여 물을 넣어 정확히 1000 mL로 한다.

③ 옥살산나트륨 용액(0.0125 M) : 150~200℃에서 약 1 시간 건조하고 황산 건조용기에서 식힌 옥살산나트륨($Na_2C_2O_4$, 분자량 : 134.00) 1.675 g을 정제수에 녹여 1,000 mL로 한다.

④ 질산은 : 질산은($AgNO_3$, 분자량 : 169.87)은 98% 이상의 분석용 특급시약을 사용한다.

⑤ 황산(1+2) : 정제수 20 mL에 황산(H_2SO_4, 분자량 : 98.08) 10 mL를 교반하면서 천천히 넣어 식힌다.

⑥ 황산은 : 황산은(Ag_2SO_4, 분자량 : 311.80)은 98% 이상의 고순도 시약을 사용한다.

4. 분석절차

① 300 mL 둥근바닥 플라스크에 시료 적당량을 취하여 정제수를 넣어 전량을 100 mL로 한다.

② 시료에 황산(1+2) 10 mL를 넣고 황산은 분말 약 1 g을 넣어 세게 흔들어 준 다음 수 분간 방치한다.

- **염소이온의 방해를 막기 위하여 황산은을 가한다**. 다만, Ag^+이 용존하면 $KMnO_4$ 용액과 반응하여 큰 오차가 생기므로 충분히 흔들어서 AgCl로 침전시킨다.
  수 분간 방치 후 상층액이 투명해져야 한다.
- 황산은은 매우 독성이 강하므로 피부에 닿지 않게 하고, 증기를 호흡하지 않도록 한다.
- 황산은 분말 1 g 대신 질산은용액(20%) 5 mL 또는 질산은 분말 1 g을 첨가해도 좋다. 다만, 시료중 염소이온이 존재할 경우에는 염소이온의 당량만큼 황산은 또는 질산은을 가해준 다음 규정된 양을 추가로 첨가한다. 염소이온 1 g에 대한 황산은의 당량은 4.4 g이며, 질산은의 당량은 4.8 g이다.
  (예) 은염 첨가량(g) = 시료중 염소이온의 양(g) × 염소이온 1 g에 대한 은염의 당량(g) + 1 g

③ 과망간산칼륨용액(0.005 M) 10 mL를 정확히 넣고 둥근바닥플라스크에 냉각관을 붙이고 물중탕의 수면이 시료의 수면보다 높게 하여 끓는 물중탕기에서 30분간 가열한다.

④ 냉각관의 끝을 통하여 정제수 소량을 사용하여 씻어준 다음 냉각관을 떼어 낸다.

⑤ 옥살산나트륨용액(0.0125 M) 10 mL를 정확하게 넣고 60~80℃를 유지하면서 과망간산칼륨용액(0.005 M)을 사용하여 액의 색이 엷은 홍색을 나타낼 때까지 적정한다.

· MnO_4^-는 분홍색을 띤다.

· 적정시 온도가 너무 높으면 $KMnO_4$ 용액이 분해하므로 60~80℃ 내에서 짧은 시간에 완료해야 한다. 60℃ 이하이면 COD의 오차가 생긴다.

⑥ 정제수 100 mL를 사용하여 같은 조건으로 바탕시험을 행한다.

⑦ 시료의 양은 30분간 가열반응한 후에 과망간산칼륨용액(0.005 M)이 처음 첨가한 양의 50~70%가 남도록 채취한다. 다만 시료의 COD값이 10 mg/L 이하일 경우에는 시료 100 mL를 취하여 그대로 시험하며, 보다 정확한 COD값이 요구될 경우에는 과망간산칼륨액(0.005 M)의 소모량이 처음 가한 양의 50%에 접근하도록 시료 량을 취한다.

5. 결과보고

1) 농도계산

COD 계산은 아래의 식을 이용하여 사용한 시료의 량과 소비된 과망간산칼륨용액으로부터 구한다.

$$\text{COD(mg/L)} = (b-a)\times f\times \frac{1000}{V}\times 0.2$$

여기서, a : 바탕시험 적정에 소비된 과망간산칼륨용액(0.005 M)의 양(mL)
b : 시료의 적정에 소비된 과망간산칼륨용액(0.005 M)의 양(mL)
f : 과망간산칼륨용액(0.005 M) 농도계수(factor)
V : 시료의 양(mL)

2) 결과표시 : 분석결과는 0.1 mg/L까지 표기한다.

6-2 COD-적정법 : 알칼리성과망간산칼륨법

1. 실험이론 및 주의사항

① 물속에 존재하는 COD를 측정하기 위하여 시료를 알칼리성으로 하여 과망간산칼륨 일정과량을 넣고 60분간 수욕상에서 가열반응시키고 요오드화칼륨 및 황산을 넣어 남아있는 과망간산칼륨에 의하여 유리된 요오드의 양으로부터 산소의 양을 측정하는 방법이다.

$$\text{환원}\quad MnO_4^- + 2H_2O + 3e^- \rightleftarrows MnO_2 + 4OH^-$$
$$\text{산화}\quad 2I^- \rightleftarrows I_2 + 2e^-$$
$$2MnO_4^- + 6I^- + 4H_2O \rightleftarrows 2MnO_2 + 3I_2 + 8OH^-$$

② 산성산화에서는 MnO_4^-에 의해 Cl^-가 산화된다. Cl^-가 3000 mg/L 이상이거나 하수의 경우(금속염이 공존하면 반응이 촉진됨)에는 큰 오차가 생긴다. $KMnO_4$ 알칼리성 산화는 산성산화(역적정시 가열이 필요함)에 비하여 무기환원성 물질로 영향받는 일이 비교적 적고, 알칼리 가용성의 유기물(알코올류, 당류, 단백질) 등의 산화에도 적합하다. 특히 하수성 유기물은 알칼리성과망간산칼륨법이 산화력이 강하다.

③ 염소이온(2,000 mg/L 이상)이 높은 하수 및 해수 시료에 적용한다.

2. 간섭물질

① 시료 중에 환원성 무기물질들의 간섭이나 알코올류, 당류, 단백질 등의 알칼리 가용성 화합물의 방해를 받지 않는다.

② 가열과정에서 오차를 발생할 수 있으므로 물중탕기의 온도와 가열시간을 잘 지켜야 한다.

3. 시약 및 표준용액

① 과망간산칼륨용액(0.005 M) : 과망간산칼륨($KMnO_4$, 분자량 : 158.03) 0.7902 g을 정제수로 녹여 1 L로 한다.

② 아자이드화나트륨용액(4%) : 아자이드화나트륨(NaN_3, 분자량 : 65.01) 4 g을 정제수에 녹여서 100 mL로 한다.

③ 요오드화칼륨용액(10%) : 요오드화칼륨(KI, 분자량 : 166.00) 10 g을 정제수에 녹여 100 mL로 한다. 사용할 때 조제한다.

④ 전분용액 : 수용성 전분 1 g을 정제수 10 mL를 넣어 혼화하고 열수 100 mL 중에 넣고 1 분간 끓이고 냉각하여 정치하여 상층액을 사용한다. 사용할 때 조제한다.

⑤ 싸이오황산나트륨용액(0.1 M)

싸이오황산나트륨·5수화물 26 g 및 탄산나트륨(Na_2CO_3, 분자량 : 105.99) 0.2 g에 새로 끓여 식힌 정제수를 넣어 녹여 1 L로 하고 아이소아밀 알코올($C_5H_{11}OH$, 분자량 : 88.15) 약 10 mL를 넣고 2일간 방치한 후 표정한다.

표정

① 요오드산칼륨(표준시약)(KIO_3, 분자량 : 214.00)을 120~140℃에서 약 2시간 건조한 다음 건조용기(실리카겔)에서 식혀 약 100 mg을 요오드병에 정밀히 달아 정제수 25 mL를 넣어 녹이고, 요오드화칼륨 2 g 및 염산용액(10%) 10 mL를 넣어 마개를 닫고 암소에 약 10분간 방치한다.

$$\text{환원}\quad 2IO_3^- + 12H^+ + 10e^- \rightarrow I_2 + 6H_2O$$
$$\text{산화}\quad 10I^- \rightarrow 5I_2 + 10e^-$$

② 여기에 정제수 100 mL를 넣어 유리된 요오드를 조제된 싸이오황산나트륨 용액으로 적정하여 농도계수(f)를 계산한다.

$$2S_2O_3^{2-} + I_2 \rightarrow S_4O_6^{2-} + 2I^-$$

다만, 적정의 종말점은 액의 종말점 부근에서 엷은 황색으로 되었을 때 전분용액 3 mL를 넣어 생긴 청색이 탈색될 때로 한다. 같은 방법으로 바탕시험을 하여 보정한다.

· 싸이오황산나트륨용액(0.1 M) 1 mL = 3.5667 mg KIO_3.
오랫동안 보관된 것은 표정하여 보정한다.

⑤ 싸이오황산나트륨용액(0.025 M) : 싸이오황산나트륨용액(0.1 M) 250 mL를 정확히 취하여 새로 끓여 식힌 물을 넣어 정확히 1,000 mL로 한다.

⑥ 황산(2+1) : 정제수 10 mL에 황산(H_2SO_4, 분자량 : 98.08) 20 mL를 교반하면서 천천히 넣어 식힌다.

4. 분석절차

① 300 mL 둥근바닥플라스크에 시료 적당량을 취하여 정제수를 넣어 50 mL로 하고 수산화나트륨용액(10%) 1 mL를 넣어 알칼리성으로 한다.

② 여기에 과망간산칼륨용액(0.005 M) 10 mL를 정확히 넣은 다음 둥근바닥플라스크에 냉각관을 붙이고 물중탕기의 수면이 시료의 수면보다 높게 하여 끓는 물중탕기에서 60분간 가열한다.

③ 냉각관의 끝을 통하여 정제수 소량을 사용하여 씻어준 다음 냉각관을 떼어 내고 요오드화칼륨용액(10%) 1 mL를 넣어 방치하여 냉각한다.

④ 아자이드화나트륨(4%) 한 방울을 가하고 황산(2+1) 5 mL를 넣어 유리된 요오드를 **지시약으로 전분**용액 2 mL를 넣고 싸이오황산나트륨용액(0.025 M)으로 **무색**이 될 때까지 적정한다.

· NO_2^-는 I^-를 I_2로 **산화시키기 때문에** N_3^-**용액을 넣어** NO_2^-**의 방해를 제거한다.**

⑤ 따로 시료량과 같은 양의 정제수를 사용하여 같은 조건으로 바탕시험을 행한다.

⑥ 시료의 양은 가열반응하고 남은 과망간산칼륨용액(0.005 M)이 처음 첨가한 양의 50%~70%가 남도록 채취한다. 보다 정확한 COD값이 요구될 경우에는 과망간산칼륨용액(0.005 M)의 소모량이 처음 가한 양의 50%에 접근하도록 시료량을 취한다.

5. 결과보고

1) 농도계산

COD 계산은 아래의 식을 이용하여 사용한 시료의 량과 소비된 싸이오황산나트륨용액으로부터 구한다.

$$\text{COD(mg/L)} = (b-a)\times f \times \frac{1000}{V}\times 0.2$$

여기서, a : 바탕시험 적정에 소비된 싸이오황산나트륨용액(0.025 M)의 양(mL)

b : 시료의 적정에 소비된 싸이오황산나트륨용액(0.025 M)의 양(mL)

f : 싸이오황산나트륨용액(0.025 M)의 농도계수(factor)

V : 시료의 양(mL)

2) 결과표시 : 분석결과는 0.1 mg/L까지 표기한다.

6-3 COD–적정법 : 다이크롬산칼륨법

1. 실험이론 및 주의사항

① COD를 측정하기 위하여 시료를 황산산성으로 하여 다이크롬산칼륨 일정과량을 넣고 2시간 가열반응시킨 다음, 환원되지 않고 남아 있는 다이크롬산칼륨을 황산제일철암모늄용액으로 적정하여 시료에 의해 소비된 다이크롬산칼륨을 계산하고 이에 상당하는 산소의 양을 측정하는 방법이다.

$$\text{환원}\quad Cr_2O_7^{2-} + 14H^+ + 6e^- \rightleftarrows 2Cr^{3+} + 7H_2O$$

$$\text{산화}\quad 6Fe^{2+} \rightleftarrows 6Fe^{3+} + 6e^-$$

$$Cr_2O_7^{2-} + 6Fe^{2+} + 14H^+ \rightleftarrows 2Cr^{3+} + 6Fe^{3+} + 7H_2O$$

② 이 시험기준은 지표수, 지하수, 폐수 등에 적용하며, COD 5~50 mg/L의 낮은 농도 범위를 갖는 시료에 적용한다. 따로 규정이 없는 한 해수를 제외한 모든 시료의 다이크롬산칼륨법에 의한 COD 측정은 이 방법에 따라 시험한다.

③ 염소이온의 농도가 1,000 mg/L 이상의 농도일 때에는 COD값이 최소한 250 mg/L 이상의 농도이어야 한다. 따라서 해수 중에서 COD 측정은 이 방법으로 부적절하다.

2. 간섭물질

① 염소이온은 다이크롬산에 의해 정량적으로 산화되어 양의 오차를 유발하므로 황산수은(Ⅱ)을 첨가하여 염소이온과 착물을 형성하도록 하여 간섭을 제거할 수 있다. 염소이온의 양이 40 mg 이상 공존할 경우에는 $HgSO_4$: Cl^- = 10 : 1의 비율로 황산수은(Ⅱ)의 첨가량을 늘린다.

② 아질산 이온(NO_2^-) 1 mg으로 1.1 mg의 산소(O_2)를 소비한다. 아질산 이온에 의한 방해를 제거하기 위해 시료에 존재하는 아질산성 질소(NO_2-N) mg당 설퍼민산(H_2NSO_3H) 10 mg을 첨가한다.

· $NO_2^- + H_2NSO_3H \rightarrow N_2 + HSO_4^- + H_2O$

3. 시약 및 표준용액

① 다이크롬산칼륨용액(0.25 N) : 다이크롬산칼륨(표준시약)을 103℃에서 2시간 동안 건조한 다음 건조용기(실리카겔)에서 식혀 12.26 g을 정밀히 담아 정제수에 녹여 1 L로 한다.

② 다이크롬산칼륨용액(0.025 N) : 다이크롬산칼륨용액(0.25 N) 100 mL를 정확히 취하여 정제수에 넣어 정확히 1 L로 한다.

③ 1,10-페난트로린제일철 용액 : 1,10-페난트로린($C_{12}H_8N_2$, 분자량 : 180.21) 1.48 g, 황산제일철 · 7 수화물($FeSO_4 \cdot 7H_2O$, 분자량 : 278.05) 0.7 g을 정제수에 녹여 100 mL로 한다.

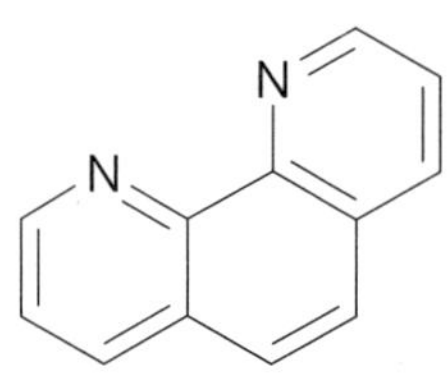

④ 황산수은(Ⅱ) : 황산수은(Ⅱ)($HgSO_4$, 분자량 : 296.66)은 순도 98% 이상의 분석용 시약을 사용한다.

⑤ 황산은용액 : 황산은(Ag_2SO_4, 분자량 : 311.80) 11 g을 황산 1,000 mL에 녹인다.

⑥ 황산제일철암모늄액(0.025 N) : Ferrous ammonium sulfate hexahydrate ($FeSO_4 \cdot (NH_4)_2SO_4 \cdot 6H_2O$, 분자량 : 399.87) 10 g을 정밀히 달아 정제수에 약 500 mL에 녹이고 황산 20 mL를 넣은 다음 냉각시키고 정제수를 넣어 1,000 mL로 한다.

표정

① 다이크롬산칼륨용액(0.025 N) 20 mL를 정확히 취하여 삼각플라스크에 넣고 정제수를 넣어 약 100 mL로 한 다음 황산 30 mL를 넣는다.

② 냉각한 다음 1,10-페난트로린제일철 ($[Fe(Phen)_3]^{2+}$) 용액 2방울~3방울을 넣고 황산제일철암모늄용액(0.025 N)을 사용하여 액의 색이 청록색 $[Fe(Phen)_3]^{2+}$에서 적갈색 $[Fe(Phen)_3]^{3+}$으로 변할 때까지 적정한다.

$$\text{농도계수} = \frac{20}{x}$$

여기서, x : 적정에 소비된 황산제일철암모늄용액(0.025 N)의 양(mL)

4. 분석절차

① 250 mL 플라스크에 시료 적당량을 넣고 여기에 황산수은(Ⅱ) 약 0.4 g을 넣은 다음, 정제수를 넣어 20 mL로 하여 잘 흔들어 섞고 몇 개의 끓임쪽을 넣은 다음 천천히 흔들어 준다.

- 현탁물질을 포함하는 경우에는 잘 흔들어 섞어 균일하게 한 다음 신속하게 분취한다.
- 2시간 동안 끓인 다음 최초에 넣은 다이크롬산칼륨용액(0.025 N)의 약 반이 남도록 취한다.
- 고농도 시료의 경우에는 다이크롬산칼륨액과 황산제일철암모늄용액 0.25 N 농도를 사용하는 것을 제외하고는 "시험방법" 과 동일하다.
- 이 방법에서는 수은화합물을 사용하므로 시험 후 폐액처리에 특히 주의하여야 한다.

② 황산은 용액 2 mL를 천천히 넣고, 얼음 중탕 안에서 다이크롬산칼륨용액(0.025 N) 10 mL를 서서히 흔들어 주면서 정확히 넣은 다음 플라스크에 냉각관을 연결시키고 냉각수를 흘린다.

③ 열린 냉각관 끝에서 황산은 용액 28 mL를 천천히 흔들면서 넣은 다음 냉각관 끝을 작은 비커로 덮고 가열판에서 2시간 동안 가열한다.

④ 방치하여 냉각시키고 정제수 약 10 mL로 냉각관을 씻은 다음 냉각관을 떼어내고 전체 액량이 약 140 mL가 되도록 정제수를 넣고 1,10-페난트로린제일철 용액 2방울~3방울 넣은 다음 **황산제일철암모늄용액**(0.025 N)을 사용하여 액의 색이 **청록색에서 적갈색**으로 변할 때까지 적정한다. 따로 정제수 20 mL를 사용하여 같은 조건으로 바탕시험을 행한다.

5. 결과보고

1) 농도계산

시료 중 COD는 아래의 식을 사용하여 mg/L의 단위로 계산한다.

$$\text{COD} = (b-a)\times f\times\frac{1000}{V}\times 0.2$$

여기서, a : 적정에 소비된 황산제일철암모늄용액(0.025 N)의 양(mL)

b : 바탕시료에 소비된 황산제일철암모늄용액(0.025 N)의 양(mL)

f : 황산제일철암모늄용액(0.025 N)의 농도계수(factor)

V : 시료의 양(mL)

2) 결과표시 : 분석결과는 0.1 mg/L까지 표기한다.

연습문제

01 다음은 적정법-산성 과망간산칼륨법으로 COD를 측정하는 시험에 관한 설명이다. ( )안에 알맞은 시약은?

> $KMnO_4$법은 실험이 간단하고 신속하며 특히 독성물질을 함유한 오수에 적당하다.
> 시료를 황산산성으로 하여 $KMnO_4$ 일정과량을 넣고 30분간 수욕상에서 가열반응시키면 유기물은 산화되고 MnO_4^-은 (   )으로 환원된다.
> 이후 일정량의 (   )을 가하여 미반응의 MnO_4^-를 분해한다.
> 다시 잔존하는 (   )를 과망간산칼륨 표준용액으로 역적정한다.
> 소비된 과망간산칼륨량으로부터 이에 상당하는 산소의 양을 측정하는 방법이다.

정답. Mn^{2+}, $Na_2C_2O_4$, $C_2O_4^{2-}$

02 다음은 적정법-염기성 과망간산칼륨법으로 COD를 측정하는 시험에 관한 설명이다. ( )안에 알맞은 시약은?

> 시료를 알칼리성으로 하여 과망간산칼륨 일정과량을 넣고 60분간 수욕상에서 가열반응시키고 (   ) 및 황산을 넣어 남아있는 과망간산칼륨에 의하여 유리된 (   )의 양으로부터 산소의 양을 측정하는 방법이다.
> 염소이온(2,000 mg/L 이상)이 높은 하수 및 해수 시료에 적용한다.

정답. 요오드화칼륨, 요오드

03 다음은 적정법-다이크롬산칼륨법으로 COD를 측정하는 시험에 관한 설명이다. ( )안에 알맞은 시약은?

> 시료를 황산산성으로 하여 다이크롬산칼륨 일정과량을 넣고 2시간 가열반응시킨 다음, 환원되지 않고 남아 있는 다이크롬산칼륨을 (   ) 용액으로 적정하여 시료에 의해 소비된 다이크롬산칼륨을 계산하고 이에 상당하는 산소의 양을 측정하는 방법이다.

정답. 황산제일철암모늄

04 COD를 적정법-산성 과망간산칼륨법으로 측정할 때 아질산염의 방해가 우려되는 경우, 간섭 제거방법으로 옳은 것은?

아질산염은 아질산성 질소 1 mg 당 1.1 mg의 산소를 소모하여 COD값의 오차를 유발한다. 아질산염의 방해가 우려되면 아질산성 질소 1 mg 당 10 mg의 설파민산을 넣어 간섭을 제거한다.

05 HCHO (Formaldehyde) 200 mg/L의 이론적 COD 값은?

$HCHO + O_2 \rightarrow CO_2 + H_2O$

30 : 32

$$COD(mg/L) = 200\ mg/L \times \frac{32}{30} = 213.33\ mg/L$$

06 폐수 30 mL를 이용하여 100℃에 있어서의 $KMnO_4$에 의한 COD를 측정했을 때 0.025 N $KMnO_4$ 용액의 역적정량은 4 mL였다. 이 폐수의 COD는 몇 mg/L인가?(단 0.025 N $KMnO_4$ 용액의 $f=1.00$이고, 공시험치는 1 mL였다)

$$COD(mg/L) = (b-a) \times f \times \frac{1000}{V} \times 0.2 = (4-1) \times 1 \times \frac{1000}{30} \times 0.2 = 20\ mg/L$$

07 폐수의 COD가 160 mg/L라고 추정될 때 0.025 N $KMnO_4$ 용액의 소비량은 5.2 mL이고 공시험치는 0.2mL이다. 시료 몇 mL를 사용해서 시험하는 것이 적절한가? (단 $f=1$)

$$COD(mg/L) = (b-a) \times f \times \frac{1000}{V} \times 0.2$$

$$160\ mg/L = (5.2-0.2) \times 1 \times \frac{1000}{V} \times 0.2 = 20\ mg/L$$

$\therefore\ V = 6.25\ mL$

08 다량의 알칼리함유 폐수의 COD 측정을 위하여 시료 100 mL를 취하여 pH 7.0으로 중화하는데 5 N 염산 15 mL를 소모하였다. 이 중화시료에서 검수 10 mL를 취하여 100 mL로 희석하여 COD를 측정하였다. 이 때 소모된 0.025 N $KMnO_4$는 6.0 mL였다. 이 폐수의 COD는? (단 $f=1$, 공시험치는 0.2 mL이다)

$$\text{COD(mg/L)} = (b-a) \times f \times \frac{1000}{V} \times 0.2 = (6-0.2) \times 1 \times \frac{1000}{10} \times 0.2 = 116\ \text{mg/L}$$

희석(폐수 100 mL + 염산 15 mL) 양을 보정하면

$$116\ \text{mg/L} \times \frac{115}{100} = 133.4\ \text{mg/L}$$

09 폐수처리 과정에서 유입수 및 유출수의 COD를 측정하기 위해 유입수는 시료 5 mL, 유출수는 시료 50 mL에 각각 물을 가하여 100 mL로 하였다. COD를 측정했을 때 N/40 $KMnO_4$ 용액의 적정치는 각각 5.2 mL와 4.7 mL였다. COD 제거율은 몇 %인가? (단 $f=1$, 공시험치는 0.2이다)

$$\text{COD(mg/L)} = (b-a) \times f \times \frac{1000}{V} \times 0.2$$

① 유입수의 COD(mg/L) $= (5.2-0.2) \times 1 \times \frac{1000}{100} \times 0.2 = 10\ \text{mg/L}$

희석된 양을 보정하면 $10\ \text{mg/L} \times \frac{100}{5} = 200\ \text{mg/L}$

② 유출수의 COD(mg/L) $= (4.7-0.2) \times 1 \times \frac{1000}{100} \times 0.2 = 9\ \text{mg/L}$

희석된 양을 보정하면 $9\ \text{mg/L} \times \frac{100}{50} = 18\ \text{mg/L}$

∴ 제거율 $= \frac{200-18}{200} \times 100 = 91\%$

실험 7 암모니아성 질소

1. 실험목적

물 속에 존재하는 암모니아성 질소는 동물의 배설물 중에서 유기성 화합물이 분해되기 때문에 수질오염의 지표가 된다. 지표수, 지하수, 폐수 등에 포함된 암모니아성 질소를 측정하고자 한다.

자연계에 존재하는 암모니아성 질소는 유기물이 부패하면서 동시에 발생하는 CO_2와 결합하여 $(NH_4)_2CO_3$ 형태로 존재한다. 또한 뇨에서 기인하는 요소도 암모니아성 질소로 변화되기 쉬우므로 암모니아성 질소의 검출은 분뇨에 의한 수질오염을 나타낼 수 있다. 식물의 단백질 분해는 서서히 진행되기 때문에 이로 인한 암모니아성 질소의 생성량은 무시할 수 있을 정도로 적다. 그러나 식물의 밀생지대나 니탄질지대의 물은 다량의 암모니아성 질소와 유기질을 함유하는 경우가 많다. 또한 황산암모늄 $[(NH_4)_2SO_4]$ 등과 같은 암모니아성 질소를 함유한 비료가 용해되어 오염되는 수도 있다.

그러나 깊은 우물물이나 저수지의 저층수에서 질산성 질소의 환원에 의하여 생기는 경우도 있으므로 측정결과를 종합하여 판단하도록 한다.

7-1 암모니아성 질소 : 자외선/가시선분광법

1. 실험이론 및 주의사항

① 물속에 존재하는 암모니아성 질소를 측정하기 위하여 암모늄이온이 하이포염소산의 존재 하에서, 페놀과 반응하여 생성하는 **인도페놀의 청색을** 630 nm**에서 측정**하는 방법이다.

$$NH_4^+ + ClO^- \rightleftharpoons NH_2Cl + H_2O$$

Chloroamine

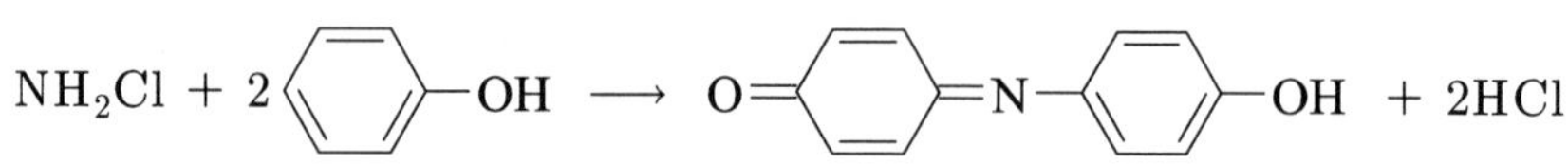

Indophenol

② 시료가 혼탁하거나 착색물질이 함유되어 있는 경우는 증류법이나 응집침전법으로 처리하여 방해물질에서 분리한 후 흡광광도법을 적용한다.

③ 이 시험법은 재현성이 좋아 경도가 높은 물이나 해수의 측정에 적합하다.
단, 마그네슘염에서는 침전물이 생기므로 원심분리로 침전을 제거하고 측정한다.

④ 지표수, 지하수, 폐수 등에 적용할 수 있으며, 정량한계는 0.01 mg/L이다.

2. 간섭물질

글라이신, 우레아, 글루타민산, 시아나이트 그리고 아세트아마이드는 용액 내에서 매우 천천히 지속적으로 가수분해 하지만, pH 9.5에서 우레아는 약 7%, 시아나이트는 약 5%의 양이 전처리된 증류물과 가수분해한다.

3. 분석기기 및 기구 : 증류장치(그림 1)

A : 1 L 증류플라스크
B : 연결관
C : 콕크
D : 안전깔때기
E : 분리관
F : 콕크
G : 냉각관
H : 역류방지관
I : 500mL 수집기

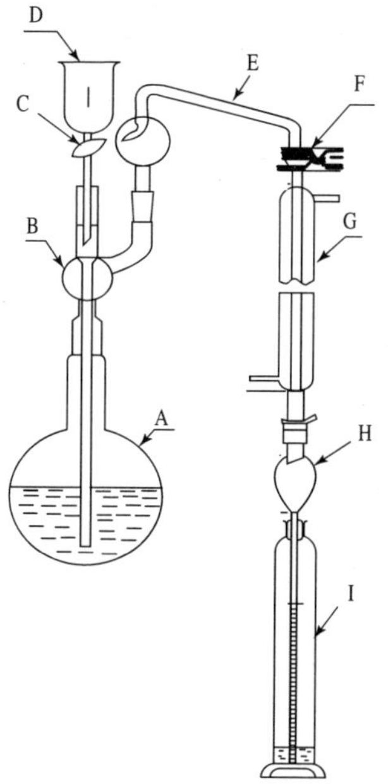

4. 시약 및 표준용액

1) 시약

① 나이트로플루시드나트륨용액(0.15%) : 나이트로플루시드나트륨 · 2수화물 ($Na_2(Fe(CN)_5NO) \cdot 2H_2O$, 분자량 : 259.94) 0.15 g을 정제수에 녹여 100 mL로 한다. 암소에 보관하여 조제 후 1개월 이내에 사용한다.

② 나트륨페놀라이트용액(Sodium phenolate)(12.5%) : 페놀(C_6H_5OH, 분자량 : 94.11) 25.0 g을 수산화나트륨용액(20%) 55 mL에 녹이고 정지하여 식힌 다음 아세톤 6 mL와 정제수를 넣어 200 mL로 한다. 사용 시 조제한다.

③ 산화마그네슘(MgO, 분자량 : 40.32)

④ 수산화나트륨용액(4%) : 수산화나트륨(NaOH, 분자량 : 40.00) 4 g을 정제수에 녹여 100 mL로 한다.

⑤ 수산화나트륨용액(20%) : 수산화나트륨 20 g을 정제수에 녹여 100 mL로 한다.

⑥ 아세톤(CH_3COCH_3, 분자량 : 58.09)

⑦ 요오드화칼륨(KI, 분자량 : 166.00)

⑧ 싸이오황산나트륨용액(0.05 M) : 싸이오황산나트륨($Na_2S_2O_3 \cdot 5H_2O$, 분자량 : 248.18) 12.409 g을 1 L 정제수에 용해하여 제조한다.

⑨ 하이포염소산나트륨(암모니아 질소 시험용)용액(1%) : 하이포염소산나트륨(NaOCl, 분자량 : 74.44) 용액의 유효염소 농도를 측정하여 유효염소로서 1 g에 해당하는 부피(mL)의 용액을 취하여 정제수에 넣어 100 mL로 한다. 하이포염소산나트륨용액은 사용할 때마다 조제한다.

유효염소 농도의 측정

① 하이포염소산나트륨용액 10 mL를 200 mL 부피플라스크에 넣고 정제수를 넣어 표선을 채운 다음 이 용액 10 mL를 취하여 삼각플라스크에 넣고 정제수 용액의 부피를 100 mL로 맞춘다.

② 요오드화칼륨 1 g~2 g 및 아세트산(1+1) 6 mL를 넣어 밀봉하고 흔들어 섞은 다음 어두운 곳에 약 5분간 방치하고 전분용액을 지시약으로 하여 싸이오황산나트륨용액(0.05 M)으로 적정한다.

③ 따로 정제수 10 mL를 취하여 바탕시험을 실시하여 보정한다.

$$\text{유효염소량(\%)} = a \times f \times \frac{200}{10} \times \frac{1}{V} \times 0.001773 \times 100$$

여기서, a : 싸이오황산나트륨용액(0.05 M)의 소비량(mL)
f : 싸이오황산나트륨용액(0.05 M)의 농도계수
V: 하이포염소산나트륨 용액을 취한 양(mL)

⑩ 황산(1+35) : 황산(H_2SO_4, 분자량 : 98.08, 비중 : 1.84, 함량 : 95%이상) 10 mL를 천천히 정제수 350 mL에 넣은 후 냉각하여 사용한다.

⑪ 황산용액(0.5 M) : 황산 30 mL를 정제수 1 L 중에 천천히 넣어 섞은 후 식힌 다음 사용한다.

⑫ 황산용액(0.025 M) : 황산용액(0.5 M) 50 mL를 정제수 900 mL 넣은 후 식힌 다음 정제수를 넣어 1 L로 한다.

2) 표준용액

① 표준원액(100 mg/L) : 100℃에서 건조한 무수염화암모늄(anhydrous NH_4Cl, 분자량 : 53.49) 0.3819 g을 정제수에 녹인 후, 1 L로 희석한다.

② 표준용액(5 mg/L) : 표준원액(100 mg/L) 25 mL를 정확히 취한 후, 정제수를 넣어 500 mL로 한다.

5. 분석절차

1) 전처리

① 시료 적당량(암모니아성 질소로서 0.03 mg 이상 함유)을 취하여 수산화나트륨용액(4%) 또는 황산(1+35)으로 중화하고 증류플라스크에 옮긴다.
② 산화마그네슘 0.3 g과 끓임쪽 수 개를 넣고 정제수를 넣어 액량을 약 350 mL로 한다.

· 산화마그네슘은 시료를 약한 알칼리성으로 만든다. 알칼리성에서 증류하면 여러 방해물이 침전된다.

③ 수집기는 200 mL 부피의 부피실린더에 황산용액(0.025 M) 50 mL를 넣고 그림 1과 같이 증류장치를 조립한 다음 가열하여 5~7 mL/min 유출속도로 증류한다.
④ 수집기의 액량이 약 150 mL가 되면 증류를 중지하고 냉각관을 증류플라스크와 분리하여 냉각관의 내부를 소량의 정제수로 씻어 수집기에 합하고 정제수를 넣어 200 mL로 한다.

2) 분석방법

① 전처리한 시료 적당량(암모니아성 질소로서 0.04 mg 이하 함유)을 취하여 50 mL 부피플라스크에 넣고 정제수를 넣어 액량을 30 mL로 한다.
② 나트륨 페놀라이트용액(0.125%) 10 mL와 나이트로플루시드나트륨용액(0.15%) 1 mL를 넣고 조용히 섞는다.

· 페놀을 페놀라이트(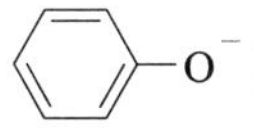)로 이온화하면 클로로아민(NH_2Cl)과의 반응이 촉진되어 인도페놀의 형성에 좋다.

· 나이트로플루시드나트륨은 반응의 촉매제로 작용한다.

③ 하이포염소산나트륨용액(1%) 5 mL를 넣어 조용히 섞는다.

· 암모니아성 질소가 휘산될 염려가 있으므로 조용히 섞는다.

④ 정제수를 넣어 표선까지 채운 다음 용액의 온도를 20~25℃로 하여 약 30분간 방치하고 이 용액의 일부를 층장 10 mm 흡수셀에 옮겨 시료용액으로 한다.

· 흡광도는 20～25℃에서 약 30분에 발색이 최고에 달하고, 그 후 30분간은 안정하며 이후에는 감소한다. 저온에서는 장시간이 필요하고, 고온에서는 퇴색하여 불안정하게 된다. 따라서 이 반응은 온도를 유지하고 표준용액에 대해서도 동시에 측정하는 것이 필요하다.

⑤ 따로 정제수 30 mL를 취하여 시료의 시험방법에 따라 시험하여 바탕시험액으로 한다.

⑥ 바탕시험용액을 대조액으로 하여 630 nm에서 시료 용액의 흡광도를 구하고 미리 작성한 검정곡선으로 암모니아성 질소의 양을 구하여 농도를 계산한다.

3) 검정곡선의 작성

① 50 mL 부피플라스크에 암모니아성 질소 표준용액(5 mg/L) 0～10 mL를 단계적으로 취하여 넣고, 정제수를 첨가하여 액량을 30 mL가 되게 한다. 단, 표준용액은 바탕용액을 제외하고 3개 이상 제조해야 하며 필요에 따라 사용하는 표준용액의 양을 달리 할 수 있다.

② 이하 "2) 분석방법"에 따라 시험하여 암모니아성 질소의 양과 흡광도와의 검정곡선을 작성한다.

6. 결과보고

검정곡선은 농도에 대한 흡광도로 작성한다. 시료의 농도는 표준용액의 흡광도에 대한 시료의 흡광도를 비교하여 계산한다.

$$\text{암모니아성 질소(mg/L)} = \frac{(y-b)}{a} \times I$$

여기서, y : 시료의 흡광도

b : 검정곡선의 절편

a : 검정곡선의 기울기

I : 시료의 희석배수

7-2 암모니아성 질소 : 이온전극법

1. 실험이론 및 주의사항

① 시료에 수산화나트륨을 넣어 시료의 pH를 11～13으로 하여 암모늄이온을 암모니아로 변화시킨 다음 암모니아 이온전극을 이용하여 암모니아성 질소를 정량하는 방법이다.

② 지표수, 지하수, 폐수 등에 적용할 수 있으며, 정량한계는 0.08 mg/L이다.

2. 간섭물질

① 글라이신, 우레아, 글루타민산, 시아나이트 그리고 아세트아마이드는 용액 내에서 매우 천천히 지속적으로 가수분해 하지만, pH 9.5에서 우레아는 약 7%, 시아나이트는 약 5%의 양이 전처리된 증류물과 가수분해한다.

② 아민은 측정값이 높아지는 간섭현상을 일으키며, 이와 같은 영향은 산성화에 의해서 더 커질 수 있다.

③ 수은과 은은 암모니아와 결합함으로써 측정값을 축소하는 간섭현상을 일으키며, NaOH/EDTA 용액을 사용하여 제거할 수 있다.

④ 고농도의 용존 이온은 측정에 영향을 줄 수 있지만, 색도와 탁도는 영향을 주지 않는다.

3. 분석기기 및 기구

① 암모니아 전극

$$NH_4^+ \rightleftarrows NH_3 + H^+$$

암모니아 가스가 전극센서로 침투하면 센서의 NH_3는 증가하고 H^+는 감소하는데, 이때 유리 전극은 pH 변화를 감지하여 암모니아 가스 농도를 측정할 수 있다.

$$\text{유리전극} : H^+ + e^- \rightleftarrows \frac{1}{2}H_2$$

$$E = E^0 - (RT/nR)\ \ln\frac{1}{[H^+]}$$

② 자석교반기 : 테플론 코팅이 된 자석교반기로 회전속도가 조절 가능하며 일정하게 유지 될 수 있어야 한다.

③ 전위계 또는 전위차계 : −700 mV～+700 mV 범위에서 0.1 mV까지 읽을 수 있는 고압력 저항 전위차계로서 pH-mV미터, 이온전극용 전위차계를 사용한다.

4. 시약 및 표준용액

1) 시약

① 산화마그네슘(MgO, 분자량 : 40.32)

② 수산화나트륨용액(4%) : 수산화나트륨($NaOH$, 분자량 : 40.00) 40 g을 정제수에 녹여 1 L로 한다.

③ 수산화나트륨용액(10%) : 수산화나트륨 50 g을 정제수에 녹여 500 mL로 한다.

④ 싸이오황산나트륨용액(0.09%) : 싸이오황산나트륨($Na_2S_2O_3 \cdot 5H_2O$, 분자량 : 248.18) 0.9 g을 1 L 정제수에 용해하여 제조한다.

⑤ 황산용액(0.5 M) : 황산(H_2SO_4, 비중 : 1.84, 분자량 : 98.08, 함량 : 95%이상) 30 mL 정제수 1 L 중에 천천히 넣어 섞은 후 식힌 다음 사용한다.

⑥ 황산용액(0.025 M) : 황산용액(0.5 M) 50 mL를 정제수 980 mL와 식히면서 정제수를 넣어 1 L로 한다.

⑦ 황산(1+35) : 황산 10 mL를 천천히 정제수 350 mL에 넣어 냉각하여 사용한다.

2) 표준용액

① 표준원액(1,000 mg/L) : 100℃에서 건조한 무수염화암모늄(anhydrous NH_4Cl, 분자량 : 55.49) 3.819 g을 정제수에 녹인 후, 1 L로 희석한다.

② 표준용액 : 표준원액(1,000 mg/L) 사용하여 단계적으로 10배씩 희석하여 농도를 100 mg/L, 10 mg/L, 1 mgL 그리고 0.1 mg/L로 한다.

5. 분석절차

1) 전처리

"7-1 암모니아성 질소-자외선/가시선 분광법"에 따른다.

2) 분석방법

① 전처리한 시료 또는 시료 적당량(암모니아성 질소로서 16 mg 이하 함유)을 취하여 200 mL 비커에 넣고 수산화나트륨용액(10%)을 넣어 용액의 pH를 8로 조절하고 정제수를 넣어 200 mL로 한다.

② 이 용액 100 mL를 취하여 150 mL 비커에 옮기고 전극을 담근 다음 자석 교반기로 기포가 발생하지 않을 정도로 일정하게 교반한다.

③ 속히 수산화나트륨용액(10%) 1 mL를 넣고 전위차계로부터 전위가 안정될 때의 값을 측정하여 미리 작성한 검정곡선으로부터 암모니아성 질소의 양을 구하고 농도(mg/L)를 산출한다.

· pH 11 이상에서 암모늄(NH_4^+)은 암모니아(NH_3)로 된다. 암모니아는 휘산되기 쉬우므로 수산화나트륨용액(10%)을 전위측정직전에 가한다.

3) 검정곡선의 작성

(1) 150 mL 비커에 각각의 표준용액(0 mg/L, 0.1 mg/L, 1 mg/L, 10 mg/L, 100 mg/L) 100 mL를 넣고 시료 온도와 같은 온도로 유지한다.

(2) 낮은 농도로부터 높은 농도 순으로 시료의 방법에 따라 시험하여 농도와 측정전위와의 검정곡선을 작성한다.

6. 결과보고

시료의 농도는 다음 식을 사용하여 계산한다.

$$\text{암모니아성 질소(mg/L)} = \frac{(y-b)}{a} \times I$$

여기서, y : 시료의 전위값

b : 검정곡선의 절편

a : 검정곡선의 기울기

I : 시료의 희석배수

7-3 암모니아성 질소 : 적정법

1. 실험이론 및 주의사항

① 시료를 증류하여 유출되는 암모니아를 황산 용액에 흡수시키고 수산화나트륨용액으로 잔류하는 황산을 적정하여 암모니아성질소를 정량하는 방법이다.
② 지표수, 지하수, 폐수 등에 적용할 수 있으며, 정량한계는 1 mg/L이다.

2. 분석기기 및 시약

1) 분석기기 : 증류장치(실험 7-1의 그림 1)

2) 시약

① 메틸레드-브로모크레졸그린 혼합지시약 : 메틸 레드 0.02 g과 브로모크레졸그린 0.1 g을 에탄올(95%)에 녹여 100 mL로 한다.
② 산화마그네슘(MgO, 분자량 : 40.32)
③ 수산화나트륨용액(1 M) : 수산화나트륨(NaOH, 분자량 : 40.00) 40 g을 정제수 950 mL를 넣어 녹이고 새로 만든 수산화바륨용액(포화)을 침전이 생기지 않을 때까지 한 방울씩 떨어뜨려 잘 섞은 후 정제수로 1 L로 채운 후, 마개를 하여 24시간 방치한 다음 여과하여 사용한다.
④ 수산화나트륨용액(0.05 M) : 수산화나트륨용액(1 M)을 정제수로 20배 희석하여 사용한다.
⑤ 수산화바륨용액(포화) : 수산화바륨($Ba(OH)_2 \cdot 8H_2O$, 분자량 : 315.47) 적당량을 정제수에 넣어 녹일 때 녹지 않는 침전이 생기면 상층액을 여과하여 여액을 사용한다.
⑥ 황산용액(0.5 M) : 황산(H_2SO_4, 분자량 : 98.08, 비중 : 1.84, 함량 : 95% 이상) 30 mL를 정제수 1 L 중에 천천히 넣어 섞은 후 식힌 다음 사용한다.
⑦ 황산용액(0.025 M) : 황산용액(0.5 M) 50 mL를 정제수 980 mL와 식히면서 정제수를 넣어 1 L로 한다.
⑧ 황산(1+35) : 황산 10 mL를 천천히 정제수 350 mL에 넣은 후 냉각하여 사용한다.

3. 분석절차

1) 전처리

"7-1 암모니아성 질소-자외선/가시선 분광법" 전처리에 따른다.

2) 분석방법

① 전처리한 시료 전량을 500 mL 삼각플라스크에 옮기고 메틸레드-브로모크레졸그린 혼합지시약 5～7방울을 넣은 다음 수산화나트륨용액(0.05 M)으로 액의 색이 자회색(pH 4.8)을 나타낼 때까지 적정한다. (a mL)

② 따로 황산용액(0.025 M) 50 mL를 정확히 취하여 500 mL 삼각플라스크에 넣고 메틸레드-브로모크레졸그린 혼합지시약 5～7방울을 넣은 다음 수산화나트륨용액(0.05 M)으로 액의 색이 자회색(pH 4.8)을 나타낼 때까지 적정하여 황산용액(0.025 M) 50 mL에서 대응하는 수산화나트륨용액(0.05 M)의 mL수 (b mL)를 구하고 암모니아성질소의 농도를 산출한다.

4. 결과보고

다음 식을 사용하여 농도를 계산한다.

$$\text{암모니아성질소(mg/L)} = (b-a)\times f\times\frac{1,000}{V}\times 0.7$$

여기서, b : 황산(0.025 M) 50 mL의 적정에 소비된 수산화나트륨용액(0.05 M)의 양(mL)

a : 시료의 적정에 소비된 수산화나트륨용액(0.05 M)의 양(mL)

f : 수산화나트륨용액(0.05 M)의 농도계수

V : 시료량(mL)

· 0.05 N NaOH용액 1 L는 NH_3-N 0.7 g/L (14g/mol×0.05mol/L)에 해당된다.

연습문제

01 다음 중 시료 최대보존기간이 가장 긴 항목은? (단, 적절한 보존방법을 적용한 경우임)

① 시안 ② 인산염인
③ 질산성 질소 ④ 암모니아성 질소

정답 ④

시안 : 14일, 인산염인 : 48시간, 질산성 질소 : 48시간, 암모니아성 질소 : 28일

02 수질오염공정시험기준상 이온전극법으로 측정할 수 있는 대상 항목과 가장 거리가 먼 것은?

① 브롬 ② 시안
③ 암모니아성 질소 ④ 염소이온

정답 ①

이온전극법으로 측정할 수 있는 물질 : 암모니아성 질소, 염소이온, 시안, 불소
브롬 측정법은 이온크로마토그래피법임

03 다음은 자외선/가시선 분광법에 의한 암모니아성질소 측정시험에 관한 설명이다. ( )안에 알맞은 시약은?

> 물속에 존재하는 암모니아성 질소를 측정하기 위하여 암모늄이온이 하이포염소산의 존재 하에서, ( )과 반응하여 생성하는 ( )의 청색을 630 nm에서 측정하는 방법이다.

정답. 페놀, 인도페놀

04 암모니아성 질소가 25 mg/L인 폐수의 완전 질산화에 필요한 이론적 산소요구량(mg/L)은?

$$NH_3 + 2O_2 \xrightarrow{\text{질산화}} HNO_3 + H_2O$$

$$O_2 = \frac{25\ \text{mg}}{\text{L}} \times \frac{2\times 32}{14} = 114.29\ \text{mg/L}$$

05 암모니아성 질소를 자외선/가시선 분광법으로 측정하고자 할 때의 측정파장과 원리(①)를 쓰고, 이온전극법으로 측정하고자 할 때의 pH 범위(②)와 원리를 쓰시오.

① 암모늄 이온이 하이포염소산의 존재 하에서, 페놀과 반응하여 생성하는 인도페놀의 청색을 630 nm에서 측정하는 방법이다.

② 시료에 수산화나트륨을 넣어 pH 11~13으로 하여 암모늄 이온을 암모니아로 변화시킨 다음 암모니아 이온전극을 이용하여 암모니아성 질소를 정량하는 방법이다.

06 암모니아성질소 표준액(0.005 mg N/mL) 2, 5, 8, 10 mL를 단계적으로 취하여 물을 넣어 약 50 mL로 하고 이하 시료의 시험방법에 따라 시험하여 암모니아성 질소의 양과 흡광도의 관계선을 작성하시오. 또한 회귀직선식과 그에 따른 상관계수(R)를 구하시오. 미지시료의 농도를 계산하고 과정을 자세히 쓰시오.

검량시료량(mL)	흡광도(실험값)
2	0.166
5	0.243
8	0.359
10	0.438
바탕실험액	0.112
미지시료 1	0.225
미지시료 2	0.256

정답. 218~221p 참조

실험 8 질산성 질소

1. 실험목적

질산성 질소는 질산염을 질소량으로 나타낸 것으로서 주로 암모니아성 질소가 질화균의 작용으로 산화되어 생성된다. 지표수, 지하수, 폐수 등에 포함된 암모니아성 질소를 측정하고자 한다.

· **암모니아성 질소가 질산염으로 과다 산화하면 pH는 저하한다.**

질산성 질소를 과잉함유한 지하수를 섭취한 유아는 메트헤모글로빈 혈증을 일으킨다. 메트헤모글로빈 혈증은 성인에게는 발병하지 않지만 출생 후 수개월 이내의 유아에게 발병된다.

적혈구내의 헤모글로빈의 철은 2가인 경우만 산소를 가역적으로 탈착한다. 3가철 헤모글로빈 즉 메트헤모글로빈을 다량으로 포함하는 경우가 메트헤모글로빈혈증인데, 청색증(cyanosis)을 나타낸다.

pH 4.6 이상에서 질산성 질소가 아질산성 질소로 환원되면서 헤모글로빈의 2가 철이 3가 철로 산화된다. 생후 수개월 이내의 유아는 위산이 pH 4보다 높아 질산성 질소가 아질산성 질소로 환원되기 쉽다.

8-1 질산성 질소 : 자외선/가시선분광법-부루신법

1. 실험이론 및 주의사항

① 물속에 존재하는 질산성질소를 측정하기 위하여 황산산성(13 N H_2SO_4 용액, 100 ℃)에서 질산이온이 **부루신과 반응하여 생성된 황색화합물의 흡광도를 410 nm에서 측정**하여 질산성질소를 정량하는 방법이다.

Brucine

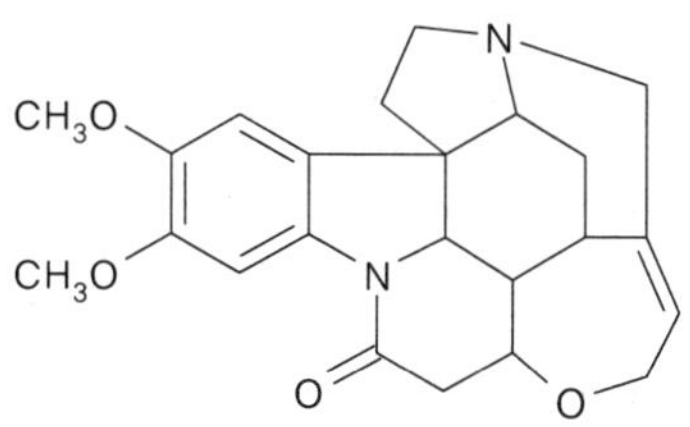

1) 환원체는 무색, 산화체는 등적색
2) 질산이 존재하면 일단 적색을 나타내지만 빠르게 오렌지색으로 변하며, 서서히 레몬색 또는 황금색을 거쳐 최후에 녹황색이 된다.
3) 아질산은 이 반응을 나타내지 않지만, 아질산염 수용액을 황산 산성으로 만들면 소량의 질산을 생성한다.

② 부루신법은 간섭이 적고 실험방법이 간단하다. 그러나 온도에 영향이 크므로 온도조건에 주의한다. 시료와 표준액을 동일 수조에서 가열한다.
③ 지표수, 지하수, 폐수 등에 적용할 수 있으며, 정량한계는 0.1 mg/L이다.

2. 간섭물질

① 용존 유기물질이 황산산성에서 착색되어 보정이 필요하며, 용존 유기물이 아닌 자연착색이 존재할 때에도 보정(바탕시험)이 필요하다.
② 바닷물과 같이 염분이 높은 경우, 바탕시료와 표준용액에 염화나트륨용액(30%)을 첨가하여 염분의 영향을 제거한다.
③ 모든 강산화제 및 환원제는 방해를 일으킨다. 산화제의 존재 여부는 잔류염소측정기

로 알 수 있다.

④ 잔류염소는 이산화비소산나트륨으로 제거할 수 있다.

⑤ 제1철, 제2철 및 4가 망간은 방해를 약간의 방해를 일으키나 1 mg/L 이하의 농도에서는 무시해도 된다.

⑥ 시료의 반응시간 동안 균일하게 가열하지 않는 경우 오차가 생기며 착색이 이루어지는 시간대에는 확실한 온도 조절이 필요하다.

3. 시약 및 표준용액

1) 시약

① 부루신설퍼닐산 : 1 g의 부루신설페이트 · 7수화물($(C_{23}H_{26}N_2O_4)_2 \cdot H_2SO_4 \cdot 7H_2O$, 분자량 : 1013.14)과 0.1 g의 설퍼닐산 · 1수화물(sulfanilic acid, $NH_2C_6H_4SO_3H \cdot H_2O$, 분자량 : 191.21)을 고온의 정제수 70 mL에 녹인다. 여기에 염산 3 mL를 첨가하고 정제수로 부피를 100 mL에 맞춘다.

② 수산화나트륨용액(4%) : 수산화나트륨(NaOH, 분자량: 40.00) 40 g을 정제수에 녹여 1 L로 한다.

③ 아세트산(1+3) : 아세트산(CH_3COOH, 분자량: 60.05) 1부피에 정제수 3부피의 비율로 혼합한다.

④ 염화나트륨용액(30%) : 300 g 염화나트륨(NaCl, 분자량 : 58.44)을 정제수에 녹여 1 L로 한다.

⑤ 황산(4+1) : 황산(H_2SO_4, 비중 : 1.84, 분자량 : 98.08, 함량 : 95% 이상) 500 mL를 정제수 125 mL에 조심히 따르고 열을 식힌 후, 대기의 수분 유입이 되지 않도록 단단히 막아 둔다.

2) 표준용액

① 표준원액(100 mg/L) : 105～110℃에서 4시간 건조한 질산칼륨(KNO_3, 분자량 : 101.10) 0.7218 g을 달아 정제수에 녹여 정확히 1 L로 한다. 1 L당 2 mL의 클로로폼($CHCl_3$, 분자량 : 119.38)을 첨가하여 보존하고 보존기간은 6개월이다.

② 표준용액(1 mg/L) : 표준원액(100 mg/L) 1 mL를 정확히 취하여 정제수를 넣어 100 mL로 한다.

4. 분석절차

1) 전처리

시료의 pH를 아세트산 또는 수산화나트륨으로 약 7로 조절한다. 탁도가 있는 경우에는 여과한다.

· 부유물질이 많은 경우에는 유리섬유거름종이법으로 여과하고 처음 여액 약 20 mL를 버린 후 여액을 취한다. 시료량은 질산성 질소 0.01 mg 이하를 함유하도록 한다.

2) 분석방법

① 바탕시료, 표준시료, 시료의 수만큼 시료 용기를 준비하고, 각 시료 용기에 시료를 10 mL 씩 채운다.

② 시료자체의 색깔이나 유기성 용해물질이 가열시 발색되어 보정이 필요할 경우에는 시료 한조를 더 취하여 부루신설퍼닐산 용액을 제외한 모든 시약을 넣어서 같은 방법으로 시험하고 보정한다.

· 바닷물과 같이 염분이 높은 경우, 염화나트륨을 바탕시료와 표준용액에 염화나트륨용액(30%)을 2 mL를 넣는다.
: 염소이온이 0.1~0.2 mg 공존하면 방해를 받는다. 그러나 염소이온 농도를 증가시켜 1~5 mg으로 하면 염소이온의 농도 변화는 흡광도에 영향을 주지 않는다.

③ 황산(4+1) 10 mL를 각 시료용기에 넣고 흔들어 섞고 수냉한다.

④ 여기에 부루신설퍼닐산 용액 0.5 mL를 넣어 흔들어 섞고 끓는 물중탕에서 정확히 20 분간 가열반응 시킨 다음 실온까지 수냉한다.

· NO_2 이온은 NO_3 이온의 발색을 방해하는데, 설퍼닐산을 첨가하면 NO_2 이온의 1 mg/L까지는 방해를 피할 수 있다.

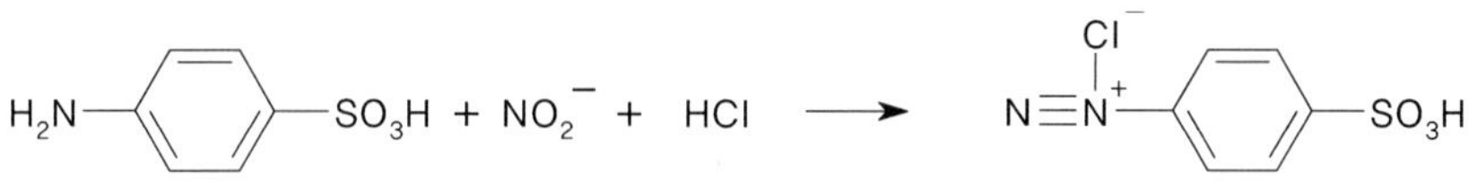

⑤ 이 용액의 일부를 층장 10 mm 흡수 셀에 옮겨 시료용액으로 하고 정제수 10 mL를 취하여 시료의 시험방법에 따라 시험하여 바탕시험액으로 한다.

⑥ 바탕시험용액을 대조액으로 하여 410 nm에서 시료 용액의 흡광도를 구하고 미리 작성한 검정곡선으로 질산성 질소의 양을 구하여 농도를 계산한다.

3) 검정곡선의 작성

① 표준용액(1 mg/L) 0～10 mL를 단계적으로 취하여 시료용기에 넣고 정제수를 첨가하여 액량을 10 mL가 되게 한다. 단, 표준용액은 바탕용액을 제외하고 3개 이상 제조해야하며 필요에 따라 사용하는 표준용액의 양을 달리 할 수 있다.

② 이하 "2) 분석방법"에 따라 시험하여 질산성질소의 양과 흡광도와의 검정곡선을 작성한다.

5. 결과보고

시료의 농도는 다음 식을 사용하여 계산한다.

$$\text{질산성질소(mg/L)} = \frac{(y-b)}{a} \times I$$

여기서, y : 시료의 흡광도
b : 검정곡선의 절편
a : 검정곡선의 기울기
I : 시료의 희석배수

8-2 질산성 질소 : 자외선/가시선분광법-활성탄흡착법

1. 실험이론 및 주의사항

① pH 12 이상의 알칼리성에서 유기물질을 활성탄으로 흡착한 다음 혼합 산성액으로 산성으로 하여 아질산염을 은폐시키고 질산성질소의 흡광도를 215 nm에서 측정하는 방법이다.

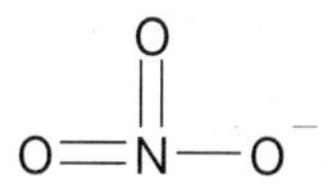

질산 이온

> UV-Vis Spectrometer
>
> 1) 불포화 결합을 가지는 원자단 : $>C=C<$, $>C=O$, $-N=N-$, $-N=O$ 등 자외선-가시광선을 흡수하는 관능기(functional group)를 발색단(chromophore)이라 한다.
> 2) UV 분광계에서 파장 180~400 nm의 광원으로서는 중수소 방전관을, 그리고 파장 400~800 nm의 광원으로는 텅스텐램프를 사용한다.
> 3) 측정시료는 UV를 흡수하지 않는 특급의 에틸알코올, 증류수, *n*-헥산 등에 녹여서 석영으로 된 측정관(cell)에 넣어 측정한다.

② 지표수, 지하수, 폐수 등에 적용할 수 있으며, 정량한계는 0.3 mg/L이다.

2. 시약 및 표준용액

1) 시약

① 수산화나트륨용액(3.5%) : 수산화나트륨(NaOH, 분자량 : 40.00) 35 g을 정제수에 녹여 1 L로 한다.

② 혼합산성용액 : 황산(H_2SO_4, 비중 : 1.84, 분자량 : 98.08, 함량 : 95 %이상) 17 mL를 정제수 400 mL에 천천히 넣어 방냉하고 설파민산(sulfamic acid, $HOSO_2 \cdot NH_2$) 30 g을 넣어 녹이고 물에 녹여 500 mL로 한다. 갈색 유리병에 보관하고 2개월 안에 사용한다.

2) 표준용액 : "부루신법의 표준용액"에 따른다.

3. 분석절차

1) 전처리 : 탁도가 있는 경우에는 여과한다.

2) 분석방법

① 여과한 시료 20 mL(질산성질소로서 0.1 mg 이하 함유)를 정확히 취하여 25 mL 마개 있는 시험관에 옮기고 수산화나트륨용액(3.5%) 1 mL, 활성탄 20 mg을 넣은 다음 마개를 하고 20분간 흔들어 섞은 다음 5분간 정치한다.

· 유기물질에 의한 오차를 제거하기 위함이다.

② 시료를 미리 수산화나트륨용액(3.5%) 50 mL로 씻는다.
③ 정제수 100 mL를 씻어 준 유리섬유여과지(GF/C) 또는 이와 동등한 규격의 섬유여과지를 장치한 밀리포아 흡인여과기로 여과한다.
④ 여액 10 mL를 정확히 취하여 25 mL 마개 있는 시험관에 옮기고 혼합 산성용액 1 mL를 넣어 흔들어 섞고 이 용액의 일부를 층장 10 mm 흡수셀에 옮겨 시료용액으로 한다.

· 설파민산은 아질산을 분해제거한다.
$HNO_2 + H_2N\,SO_2OH \rightarrow N_2 + H_2SO_4 + H_2O$

⑤ 따로 정제수 20 mL를 취하여 시료의 시험방법에 따라 시험하여 바탕시험액으로 한다. 바탕시험액을 대조액으로 하여 층장 10 mm 흡수셀에 옮겨 215 mm에서 시료용액의 흡광도를 측정하고 미리 작성한 검정곡선으로부터 질산성질소의 양을 구하고 농도(mg/L)를 산출한다.

3) 검정곡선의 작성

① 50 mL 부피플라스크에 질산성 질소 표준용액(10 mg/L) 10 mL를 정확히 취하여 넣고 정제수를 넣어 표선까지 채운 다음, 흔들어 섞고 이 용액 0 mL, 5 mL, 10 mL, 15 mL를 단계적으로 취하여 정제수를 넣어 액량을 20 mL가 되게 한다.
② "2) 분석방법"에 따라 시험하여 질산성성 질소의 양과 흡광도와의 검정곡선을 작성한다.
③ 결과처리는 "부루신법"과 같다.

연습문제

01 다음은 자외선/가시선 분광법-부루신법에 의한 질산성질소 측정시험에 관한 설명이다. ( )안에 알맞은 시약은?

> 물속에 존재하는 질산성질소를 측정하기 위하여 황산산성(13 N H_2SO_4 용액, 100 ℃)에서 질산이온이 ( )과 반응하여 생성된 ( )색 화합물의 흡광도를 410 nm에서 측정하여 질산성질소를 정량하는 방법이다.

정답. 부루신, 황

02 다음은 질산성 질소 측정시 흡광광도법 중 부루신법에 관한 것이다. 시험방법이 잘못된 것은?

> 1. 바탕시료, 표준시료, 시료의 수만큼 시료용기를 준비하고, 각 시료 용기에 시료를 10 mL씩 채운다.
> 2. 바닷물과 같이 염분이 높은 경우 염화나트륨을 바탕시료와 표준용액에 염화나트륨용액(30%)을 2 mL를 넣는다.
> 3. 이 액에 황산(1+4) 2 mL를 넣어 흔들어 섞고 수냉한다.
> 4. 부루신설퍼닐산 용액 0.5 mL를 넣어 흔들어 섞고 끓는 물 중탕에서 정확히 20분간 가열반응시킨 다음 실온까지 수냉한다.

황산(1+4) 2 mL → 황산(4+1) 10 mL

03 질산성 질소 표준원액(0.1 mg/mL)을 1,000 mL 조제하려면 미리 105~110℃에서 약 4시간 건조한 질산칼륨(KNO_3) 몇 g을 취하면 되는가? (단 K 원자량 : 39.1)

$$KNO_3(g) = \frac{0.1 \times 10^{-3}\,g}{mL} \times 1000\,mL \times \frac{101.4\,g/mol - KNO_3}{14\,g/mol - N} = 0.724\,g$$

실험 9 총질소

1. 실험목적

호소 및 하천의 조류의 이상증식으로 인한 현상인 부영양화의 원인물질 중 하나인 질소화합물의 농도 측정에 대한 기준방법을 규정하는데 그 목적이 있다.
물속에 존재하는 질소화합물은 유기질소(단백질, 아미노산, 핵산 등)와 무기질소(암모니아성질소, 아질산성질소, 질산성질소) 형태로 존재하며 이 시험기준은 물속에 존재하는 여러 가지 형태의 질소를 모두 합한 질소의 총량을 구하는 방법이다.

9-1 총질소 : 자외선/가시선분광법-산화법

1. 실험이론 및 주의사항

① 시료 중 모든 질소화합물을 알칼리성 과황산칼륨을 사용하여 120℃ 부근에서 유기물과 함께 분해하여 질산이온으로 산화시킨 후 산성상태로 하여 흡광도를 220 nm에서 측정하여 총질소를 정량하는 방법이다.
② 지표수, 지하수, 폐수 등에 적용할 수 있으며, 정량한계는 0.1 mg/L이다.
③ 비교적 분해되기 쉬운 유기물을 함유하고 있거나 자외부에서 흡광도를 나타내는 브롬이온이나 크롬을 함유하지 않는 시료에 적용된다.

2. 간섭물질

자외부에서 흡광도를 나타내는 모든 물질이 분석을 방해할 수 있으며 특히, 브롬이온 농도 10 mg/L, 크롬 농도 0.1 mg/L 정도에서 영향을 받으며 해수와 같은 시료에는 적용할 수 없다.

3. 분석기기 및 기구

고압증기멸균기 : 고온고압의 수증기를 사용하여 시료를 가열하는 장치로 120℃로 일정 시간 동안 가열이 가능한 것을 사용한다.

4. 시약 및 표준용액

1) 시약

① 알칼리성과황산칼륨용액(3%) : 정제수 500 mL에 수산화나트륨(NaOH, 분자량 : 40.00, 질소함량 0.0005% 이하) 20 g을 넣어 녹인 다음 과황산칼륨($K_2S_2O_8$, 분자량 : 270.32, 질소 함량 0.0005% 이하) 15 g을 넣어 녹인다. 이 용액은 사용할 때 조제한다.

② 염산(1+16) : 정제수 160 mL에 진한 염산(HCl, 분자량 : 36.46, 비중 : 1.18, 함량 : 36.5%~38%) 10 mL를 넣어 혼합한다.

2) 표준용액

① 표준원액(100 mg/L) : 미리 105~110℃에서 4시간 건조한 질산칼륨(KNO_3, 분자량 : 101.10) 0.7218 g을 정밀히 달아 정제수에 녹여 1 L로 한다.

② 표준용액(20 mg/L) : 표준원액(100 mg/L) 20 mL를 정확히 취하여 정제수를 넣어 100 mL로 한다.

5. 분석절차

1) 전처리

시료 50 mL(질소함량이 0.1 mg 이상일 경우에는 희석)를 분해병에 넣고 알칼리성과황산칼륨 용액 10 mL를 넣어 마개를 닫고 흔들어 섞은 다음 고압증기멸균기에 넣고 가열한다. 약 120℃가 될 때부터 30분간 가열 분해하고 분해병을 꺼내어 냉각한다.

2) 분석방법

① 전처리한 시료의 상층액을 취하여 유리섬유여과지(GF/C)로 여과하고 처음 여과용액 5~10 mL는 버린 다음 여과용액 25 mL를 정확히 취하여 50 mL 비커 또는 비색관에 옮긴다.

② 여기에 염산(1+16) 5 mL를 넣어 pH 2~3으로 하고 이 용액의 일부를 10 mm 층장 흡수 셀에 옮겨 시료 용액으로 한다.

③ 따로 정제수 50 mL를 취하여 시료의 시험방법에 따라 시험하고 바탕시험용액으로 한다.

④ 바탕시험용액을 대조액으로 하여 220 nm에서 시료 용액의 흡광도를 측정하고 미리 작성한 검정곡선으로부터 질소의 양을 구한다.

3) 검정곡선 작성

① 표준용액(20 mg/L) 0~10 mL를 단계적으로 취하여 100 mL 부피플라스크에 넣고 정제수를 넣어 표선을 채운다. 단, 표준용액은 바탕용액을 제외하고 3개 이상 제조해야하며 필요에 따라 사용하는 표준용액의 양을 달리 할 수 있다.

② 이 용액 25 mL씩을 정확히 취하여 각각 50 mL 비커 또는 비색관에 넣고 염산(1+500) 5 mL를 넣은 다음 시료의 "2) 분석방법"에 따라 시험하고 질소의 양과 흡광도와의 관계선을 작성한다.

6. 결과보고

미리 작성한 절대검정곡선으로부터 질소의 양을 구하여 다음 식으로 시료 중의 총 질소 농도를 산출한다.

$$\text{총 질소 (mg/L)} = a \times \frac{60}{25} \times \frac{1{,}000}{V}$$

여기서, a : 검정곡선으로부터 구한 질소의 양(mg)

V : 전처리에 사용한 시료량(mL)

9-2 총질소 : 자외선/가시선분광법–카드뮴·구리환원법

1. 실험이론 및 주의사항

① 시료중의 질소화합물을 알칼리성 과황산칼륨의 존재하에 120℃에서 유기물과 함께 분해하여 질산이온으로 산화시킨 다음 산화된 질산이온을 다시 카드뮴-구리환원 칼럼을 통과시켜 아질산이온으로 환원시키고 아질산성질소의 양을 구하여 총질소로 환산하는 방법이다.

$$\text{질소화합물} \xrightarrow{\text{과황산칼륨}} \text{질산이온} \xrightarrow{\text{Cd}-\text{Cu환원칼럼}} \text{아질산이온}$$

② 지표수, 지하수, 폐수 등에 적용할 수 있으며, 정량한계는 0.004 mg/L이다.

2. 간섭물질

① 산업폐수 등 매우 혼탁한 시료나 오염이 많이 된 하천, 호소수를 사용할 경우 초음파 균질화기 등을 사용하여 시료중의 입자를 잘게 부순 후 분석하여야 한다.

② 시료가 착색된 경우 흡광도에 영향을 주어 분석결과에 영향을 미친다.

③ 시료의 pH가 5～9의 범위를 초과하면 발색에 영향을 받으므로 염산(2%) 또는 수산화나트륨용액(2%)으로 pH를 조절하여야 한다.

3. 분석기기 및 기구

① 고압증기멸균기 : 고온 고압의 수증기를 사용하여 시료를 가열하는 장치로 120℃로 일정시간 동안 가열이 가능한 것을 사용 한다.

② 카드뮴-구리 환원칼럼 : 시료 중의 질산이온을 아질산 이온으로 환원시키기 위해 사용하는 카드뮴-구리 환원칼럼(이하 환원칼럼이라 한다)은 칼럼의 바닥에 유리섬유를 끼우고 칼럼 충전액을 채운 다음 카드뮴-구리칼럼충전제를 액과 함께 흘려보내 공간이 없도록 채운 다음 위에 다시 유리섬유를 끼우고 상부로부터 칼럼 충전액 200 mL, 질산성 질소 표준원액(1,000 mg/L)을 칼럼 충전액으로 4배 희석한 액 100 mL, 칼럼 충전액 100 mL 순으로 매분 약 10 mL의 유속에서 흘려보내서 준비한다.

· 컬럼 충전제는 공기와 접촉하면 환원력이 저하되므로 칼럼을 사용하지 않을 때에는 항상 충전제 상부 약 1 cm 높이까지 칼럼 충전액을 채워두어 공기와의 접촉을 방지한다.

· 환원 칼럼은 시료에 따라서 15회~20회 정도 사용하면 질산이온의 환원률이 저하되므로 수시로 환원율을 점검하고 환원률이 80% 미만이면 컬럼을 활성화 하여야 한다. 이때 환원율은 다음의 식에 의하여 구한다.

$$환원율(\%) = \frac{생성된\ 아질산이온의\ 농도}{주입한\ 질산이온\ 표준용액의\ 농도} \times 100$$

· 컬럼의 활성화는 활성화액 약 20 mL를 칼럼에 주입하여 카드뮴-구리 칼럼충전제와 충분히 접촉된 상태에서 2시간~3시간 방치하고 흘려보낸 다음 칼럼 충전액 약 100 mL로 씻어주어 칼럼을 활성화 한다.
(카드뮴-구리 칼럼충전제는 카드뮴 표면에 구리 피막을 입힌 것으로, NO_3^-가 Cu에 의하여 NO_2^-로 환원되고 생성된 Cu^{2+}는 Cd에 의해 다시 환원된다. 산화된 Cd^{2+}는 컬럼충전액인 염화암모늄을 착체로 하여 가용성이다.

· 컬럼을 통과한 용액 중에는 카드뮴이 포함되어 있으므로 처리에 주의하여야 한다.

4. 시약 및 표준용액

1) 시약

① *N*-(1-나프틸)에틸렌다이아민 · 이염산염용액(1%) : *N*-(1-나프틸)에틸렌다이아민 · 2염산염(*N*-(1-Naphthyl)ethylenediamine · 2HCl, $C_{10}H_7H(C_2H_2)_2NH_2 \cdot 2HCl$, 분자량 : 259.16) 0.5 g을 정제수에 용해시켜 50 mL로 한다. 이 용액은 사용할 때마다 조제한다.

② 설퍼닐아마이드용액(0.5%) : 설퍼닐아마이드($C_6H_8O_2 \cdot N_2S$, 분자량 : 172.21) 0.5 g을 염산(1+1) 100 mL에 가열하면서 용해시킨다.

③ 수산화나트륨용액(8%) : 수산화나트륨(NaOH, 분자량 : 40.00, 질소함량 0.0005% 이하) 8 g을 정제수에 녹여 100 mL로 한다.

④ 알칼리성과황산칼륨용액(3%) : 정제수 500 mL에 수산화나트륨 15 g을 넣어 녹인 다음 과황산칼륨($K_2S_2O_8$, 분자량 : 270.32, 질소 함량 0.0005% 이하) 15 g을 넣어 녹인다. 이 용액은 사용할 때 조제한다.

⑤ 염산(1+11) : 진한염산(HCl, 분자량 : 36.46, 비중 : 1.18, 함량 : 36.5%~38%) 10 mL를 정제수 110 mL에 혼합하여 제조한다.

⑥ 염산(1+5) : 진한염산 10 mL를 정제수 50 mL에 혼합하여 제조한다.

⑦ 염화암모늄 · 암모니아 용액 : 염화암모늄(NH_4Cl, 분자량 : 53.49) 약 100 g 을 정제

수 700 mL에 용해시킨 다음 암모니아수(NH_4OH, 분자량 : 35.05) 50 mL를 넣고 정제수를 첨가하여 1 L로 한다.

⑧ 질산(1+39) : 진한질산(HNO_3, 분자량 : 63.01, 비중 : 1.42, 함량 : 70%) 100 mL를 정제수 390 mL에 혼합하여 제조한다.

⑨ 카드뮴-구리 컬럼 충전액 : 염화암모늄(NH_4Cl, 분자량 : 53.49) 약 10 g 을 정제수 700 mL에 용해시킨 다음 암모니아수(NH_4OH, 분자량 : 35.05) 5 mL를 넣고 정제수를 첨가하여 1 L로 한다.

⑩ 카드뮴-구리컬럼 활성화액 : 정제수 약 700 mL에 수산화나트륨용액(8%) 70 mL를 넣고 EDTA · 2Na · $2H_2O$ (분자량 : 372.24) 38 g 및 황산구리 · 5수화물($CuSO_4 \cdot 5H_2O$, 분자량 : 249.61) 12.5 g을 넣어 용해시킨 다음 수산화나트륨용액(8%)을 넣어 pH를 7로 조절하고 정제수를 넣어 1 L로 한다.

⑪ 카드뮴-구리 컬럼 충전제 : 입상카드뮴(입경 : 0.5 mm～2.0 mm) 약 40 g을 삼각플라스크에 넣고 염산(1+5) 약 50 mL를 넣어 세척한 다음 정제수로 100 mL씩 5회 세척한다. 질산(1+39)으로 50 mL씩 2회 세척한 다음 세척액은 버리고 카드뮴-구리 컬럼 활성화액 200 mL를 넣어 24시간 방치하여 카드뮴의 표면에 구리의 피막이 형성되게 한다. 이 충전제는 공기와 접촉하지 않게 밀봉하여 보관하여야 한다.

2) 표준용액

① 표준원액(100 mg/L) : 미리 105～110℃에서 4시간 건조한 질산칼륨(KNO_3, 분자량 : 101.10) 0.7218 g을 정밀히 달아 정제수에 녹여 1 L로 한다. 장기간 보관 시 클로로폼($CHCl_3$) 2 mL을 첨가한다. 이 용액은 6개월간 유효하다.

② 표준용액(2 mg/L) : 표준원액(100 mg/L) 2 mL를 정확히 취하여 정제수로 정확히 100 mL로 채운다.

5. 분석절차

1) 전처리

시료 50 mL(질소함량이 0.1 mg 이상일 경우에는 희석)를 분해 병에 넣고 알칼리성 과황산칼륨 용액 10 mL를 넣어 마개를 닫고 흔들어 섞은 다음 고압증기멸균기에 넣고 가열한다. 약 120 ℃가 될 때부터 30분간 가열 분해하고 분해 병을 꺼내어 냉각한다.

2) 분석방법

① 전처리한 시료가 들어있는 분해 병에 염산(1+11) 10 mL를 넣고 흔들어 섞은 다음 100 mL 부피플라스크에 옮긴다. 분해병의 안쪽을 소량의 정제수로 수회 씻어서 부피플라스크에 합하여 염화암모늄-암모니아 용액 10 mL를 넣어 정제수로 표선을 채워서 환원용 시료용액으로 한다.

- 환원용 시료 100 mL 중 총 질소의 양이 0.02 mg 이상일 경우에는 200~500 mL 부피플라스크를 사용하여 100 mL 당 염화암모늄 · 암모니아 용액 10 mL을 더 넣어주고 정제수로 표선을 채운 다음 환원용 시료로 한다. 이때는 총 질소 농도계산식에서 C/100 (C : 사용한 플라스크의 부피 mL)를 곱해준다.

② 환원용 시료액 5 mL를 환원컬럼의 상부로부터 약 10 mL/min의 속도로 흘러보내 유출액을 버린다. 이 조작을 한 번 더 반복한다.

- 카드뮴–구리 칼럼의 환원율은 시료의 통과유속에 비례하므로 최적의 유속을 구하여 사용하여야 하며, 일반적으로 10 mL/min 정도의 유속이 양호하다. 컬럼의 최적통과속도를 측정하였다면 그 속도를 사용하여 시료를 통과시킨다.

- 시료를 카드뮴–구리 칼럼에 통과시키기 전 매번 컬럼 세정액으로 세정하지 않으면 환원율이 악화된다.

③ 환원용 시료액 약 80 mL를 (2)와 같은 속도로 흘려보내 처음의 유출액 20 mL는 버리고 다음 유출액 50 mL를 수집기에 받아 측정용 시료로 사용한다.

④ 측정용 시료에 설파닐아마이드용액(0.5%) 1 mL를 넣어 섞고 10분간 방치한 다음 *N*-(1-나프틸)에틸렌다이아민 · 이염산염용액(1%) 1 mL를 넣어 섞은 후 10분~30분간 방치한다.

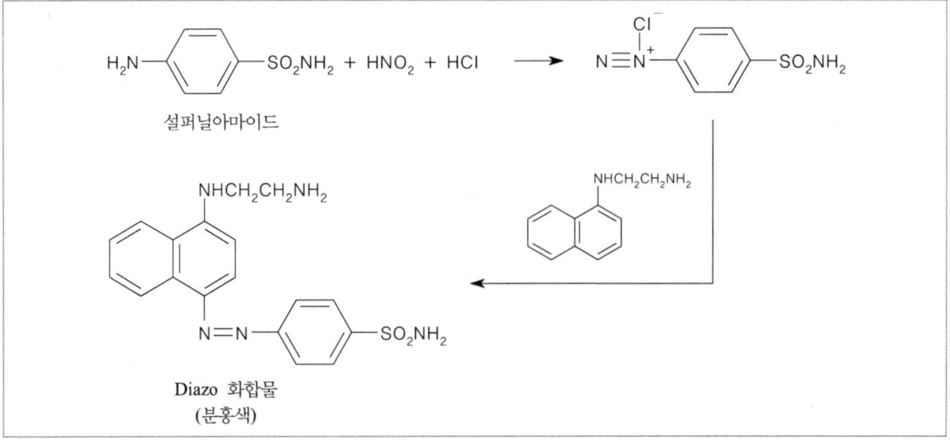

⑤ ④의 용액의 일부를 층장 10 mm 흡수셀에 옮겨 시료 용액으로 하고 540 nm 부근에서 흡광도를 측정한다.

⑥ 따로 정제수 100 mL를 취하여 ①~⑤의 절차에 따라 시험하고 바탕시험 용액으로 한다.

⑦ 이 용액의 일부를 층장 10 mm 흡수 셀에 옮겨 시료용액으로 하고 정제수 10 mL를 취하여 시료의 시험방법에 따라 시험하여 바탕시험액으로 한다.

⑧ 바탕시험 용액을 대조액으로 하여 540 mm에서 시료 용액의 흡광도를 측정하고 미리 작성한 검정곡선으로부터 질소의 양을 구한다.

3) 검정곡선 작성

① 표준용액(2 mg /L) 0~10 mL를 단계적으로 취하여 100 mL 부피플라스크에 넣고 정제수를 넣어 표선을 채운다. 단, 표준용액은 바탕용액을 제외하고 3개 이상 제조해야 하며 필요에 따라 사용하는 표준용액의 양을 달리 할 수 있다.

② 이 용액 25 mL씩을 정확히 취하여 각각 50 mL 비커 또는 비색관에 넣고 염산(1+11) 5 mL를 넣은 다음 시료의 “2) 분석방법”에 따라 시험하고 질소의 양과 흡광도와의 관계선을 작성한다.

6. 결과보고

미리 작성한 절대검정곡선으로부터 환원용 시료 100 mL, 중의 총 질소 양을 구하고 다음식에서 농도를 산출한다.

$$총질소(mg/L) = a \times \frac{1000}{V}$$

여기서, a : 환원용시료 100 mL중의 총질소(mg)

V : 전처리에 사용한 시료량(mL)

9-3 총질소 : 자외선/가시선분광법-환원증류·킬달법

1. 실험이론 및 주의사항

① 시료에 데발다합금을 넣고 알칼리성에서 증류하여 시료 중의 무기질소를 암모니아로 환원 유출시키고, 다시 잔류시료 중의 유기질소를 킬달 분해한 다음 증류하여 암모니아로 유출시켜 각각의 암모니아성질소의 양을 구하고 이들을 합하여 총질소를 정량하는 방법이다.

시료 —(데발다합금 / 알칼리성 증류)→ 암모니아로 환원된 무기질소
　　　　　　　　　　　　　　└ 유기질소 —(킬달분해 / 증류)→ 암모니아

② 킬달 분해
시료를 진한 황산과 분해촉진제로 처리하면 유기물은 분해되고 질소는 암모늄염으로 된다.

$$\text{시료(CHONS)} + \text{황산} \xrightarrow{\text{분해촉매제}} (NH_4)_2SO_4 + CO_2 + SO_2$$

③ 지표수, 지하수, 폐수 등에 적용할 수 있으며, 정량한계는 0.02 mg/L이다.

2. 간섭물질

① 시료 중에 잔류염소가 존재하면 정량을 방해하므로 시료를 증류하기 전에 아황산나트륨 용액을 넣어 잔류염소를 제거한다. 이 용액 1 mL는 0.5 mg/L의 잔류염소를 제거할 수 있다
② 시료 중에 칼슘이온(Ca^{2+})이나 마그네슘이온(Mg^{2+})이 다량 존재하면 발색 시 침전물이 형성되어 흡광도 측정에 영향을 주므로 발색된 시료를 원심분리 한 다음 상층액을 취하여 흡광도를 측정하거나 미리 전처리를 통해 방해이온을 제거한다.

3. 분석기기 및 기구 : 그림 1

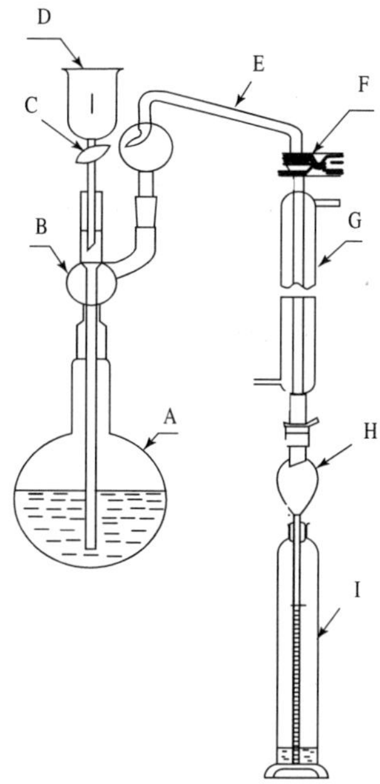

A : 1 L 증류플라스크
B : 연결관
C : 콕크
D : 안전깔때기
E : 분리관
F : 콕크
G : 냉각관
H : 역류방지관
I : 200～250mL수집기

그림 1. 총 질소 증류장치

4. 시약 및 표준용액

1) 시약

① 과산화수소수(H_2O_2, 분자량 : 34.01)

② 데발다 합금 분말 : 구리(Cu), 알루미늄(Al), 아연(Zn) 분말을 부피 비로 각각 50%, 45%, 5%가 되도록 조제한다.

③ 수산화나트륨용액(50%) : 수산화나트륨(NaOH, 분자량 : 40.00) 500 g을 정제수에 녹여 1 L로 한다.

④ 수산화나트륨용액(30%) : 수산화나트륨 300 g을 정제수에 녹여 1 L로 한다.

⑤ 아황산나트륨 용액(잔류염소제거용) : 아황산나트륨(Na_2SO_3, 분자량 : 126.04) 0.9 g을 정제수에 녹여 1 L로 한다.

⑥ 총질소 시험용 분해촉진제 : 황산구리 · 5수화물($CuSO_4 \cdot 5H_2O$, 분자량 : 249.61)과 황산칼륨(K_2SO_4, 분자량 : 174.26)을 1 : 4의 비율로 혼합하여 제조한다.

⑦ 황산용액(0.5 M) : 황산(H_2SO_4, 비중 : 1.84, 분자량 : 98.08, 함량 : 95%이상) 30 mL

정제수 1 L 중에 천천히 넣어 섞은 후 식힌 다음 사용한다.

⑧ 황산용액(0.025 M) : 황산용액(0.5 M) 50 mL를 정제수 980 mL와 식히면서 정제수를 넣어 1 L로 한다.

2) 표준용액

① 표준원액(100 mg/L) : 100℃에서 건조한 무수염화암모늄(anhydrous NH_4Cl, 분자량 : 53.49) 0.3819 g을 정제수에 녹인 후, 1 L로 희석한다.

② 표준용액(5 mg/L) : 표준원액(100 mg/L) 25 mL를 정확히 취한 후, 정제수를 넣어 500 mL로 한다.

5. 분석절차

1) 전처리

1)-1. 무기질소의 환원

① 시료 적당량(0.7～10 mg N 함유)을 취하여 1 L 증류플라스크에 넣고 정제수를 넣어 약 350 mL로 한다.

② 끓임쪽 수개, 데발다합금 분말 3 g과 수산화나트륨용액(30%) 10 mL를 넣은 후 증류장치를 조립하고 냉각관의 끝을 미리 황산용액(0.025 M) 50 mL를 넣어 둔 200 mL 부피실린더 수집기에 연결하여 5～7 mL/min의 유출속도로 증류한다.

③ 수집기의 유출액량이 약 180 mL가 되면 증류를 끝내고 냉각관의 안쪽을 소량의 정제수로 수회 씻어서 수집기에 합하여 정제수를 넣어 표선을 채운다.(A액)

1)-2. 유기질소의 분해

① 앞선 "1)-1" 과정에서 증류하고 남은 증류플라스크의 내용물과 증류플라스크를 정제수로 씻은 용액 전량을 조심하여 적당한 부피의 킬달플라스크에 옮기고 총 질소 시험용 분해촉진제 2 g을 넣고 플라스크의 목 부분에 남아있는 잔류물을 소량의 정제수로 씻은 후 플라스크의 내벽을 따라 진한 황산 5～10 mL를 넣는다.

· 분해촉진제 : 황산과 열만으로는 유기물질의 분해는 매우 느린 반응이다(330℃).
분해촉진제를 사용하면 황산의 비등점이 370℃로 상승하는데, 이 경우가 가장 이상적인 분해온도이다. 그러나 너무 많이 사용하면 400℃ 이상으로 상승하면서 시료중의 질소가 황산암모늄으로 되지 않고 질소가스로 휘발된다.

② 여기에 과산화수소수 1 mL를 주의하여 넣고 석면 망 위에서 가열하여 흰 연기가 발생하여 내용물이 투명해질 때까지 분해를 계속한다.

· 과산화수소는 분해하기 어려운 물질을 산화 분해하기 위하여 가한다.

③ 분해 시료를 냉각한 다음 정제수 약 100 mL를 넣어 석출된 결정성 물질을 가열 용해하여 분해한 다음 이 용액을 1 L 증류플라스크에 옮기고 소량의 정제수로 킬달플라스크를 수회 씻어서 합한다.

④ 여기에 정제수를 넣어 액량을 약 350 mL로 하고 증류장치를 조립하여 냉각관의 끝을 미리 황산용액(0.025 M) 50 mL를 넣어둔 200 mL 부피실린더 수집기에 연결한다.

⑤ 증류플라스크의 상부로부터 수산화나트륨용액(50%) 40 mL를 넣고 증류플라스크를 가열하여 5~7 mL/min의 유출속도로 증류한다.

⑥ 수집기의 유출액량이 약 180 mL가 되면 증류를 중지하고 냉각관을 증류플라스크와 분리하여 냉각관의 내부를 소량의 증류수로 씻어서 수집기에 합하고 정제수를 넣어 200 mL로 한다.(B액)

2) 분석방법

"1) 전처리"에서 얻어진 A, B액의 일부 또는 전량을 취하여 "암모니아성 질소 시험방법(실험 10. 분광법 또는 적정법)"에 따라 시험하고, 따로 시료와 같은 양의 정제수를 취하여 1 L 증류플라스크에 넣고 시료의 전처리와 같은 조작을 하여 바탕시험용액으로 한다.

3) 검정곡선 작성

"암모니아성 질소-분광법"의 검정곡선 작성에 따른다.

6. 결과보고

"암모니아성 질소 시험방법(실험 10. 분광법 또는 적정법)" 농도계산에 따라 바탕시험용액을 대조액으로 하여 각각 A, B액 중의 암모니아성 질소의 양을 구한 후, 두 값을 합하여 시료의 총질소 농도(mg/L)로 한다.

연습문제

01 다음은 자외선/가시선분광법-산화법에 의한 총질소 측정시험에 관한 설명이다. ( )안에 알맞은 시약은?

> 시료 중 모든 질소화합물을 ( )을 사용하여 120℃ 부근에서 유기물과 함께 분해하여 질산이온으로 산화시킨 후 산성상태로 하여 흡광도를 220 nm에서 측정하여 총질소를 정량하는 방법이다.

정답 : 알칼리성 과황산칼륨

02 다음은 자외선/가시선분광법-카드뮴 · 구리환원법에 의한 총질소 측정시험에 관한 설명이다. ( )안에 알맞은 시약은?

> 시료중의 질소화합물을 알칼리성 과황산칼륨의 존재하에 120℃에서 유기물과 함께 분해하여 질산이온으로 산화시킨 다음 산화된 질산이온을 다시 카드뮴-구리환원 칼럼을 통과시켜 ( )으로 환원시키고 ( )의 양을 구하여 총질소로 환산하는 방법이다.

정답 : 아질산이온, 아질산성질소

03 다음은 자외선/가시선분광법-환원증류 · 킬달법에 의한 총질소 측정시험에 관한 설명이다. ( )안에 알맞은 시약은?

> 시료에 데발다합금을 넣고 알칼리성에서 증류하여 시료 중의 무기질소를 ( )로 환원 유출시키고, 다시 잔류시료 중의 유기질소를 킬달 분해한 다음 증류하여 ( )로 유출시켜 각각의 ( )의 양을 구하고 이들을 합하여 총질소를 정량하는 방법이다.

정답 : 암모니아, 암모니아, 암모니아성질소

04 질산성 질소 표준용액(0.02 mg N/mL) 2, 4, 8, 10 mL를 단계적으로 취하여 시험하여 질산성 질소의 양과 흡광도의 관계선을 작성하시오. 또한 회귀직선식과 그에 따른 상관계수(R)를 구하시오. 그리고 미지시료의 농도를 계산하고 과정을 쓰시오.

검량시료량(mL)	흡광도(실험값)
2	0.184
4	0.272
8	0.477
10	0.608
바탕실험액	0.072
미지시료 1	0.289
미지시료 2	0.507

정답. 224~227p 참조

실험 10 인산염인

1. 실험목적

인산염인은 지질의 원인에 의하여 물속에 존재하지만, 대부분 분뇨, 사체, 폐수 및 비료 등의 유입으로 생성된다. 지표수, 지하수, 폐수 등에 포함된 인산염인을 측정하고자 한다.

수중의 인산은 오르토 인산염(orthophosphotates), 축합다중 인산염(condensed phosphates), 유기적으로 결합된 인산염 등으로 존재한다. 인산염인은 독성이 없고 인체에 직접적인 피해는 주지 않으나, 질소와 더불어 하천 및 호소의 부영양화 현상을 일으키며 해역의 적조현상의 주요 오염물질이다.

몰리브덴 청(molybden blue) 비색법을 이용하여 수중에 포함된 인의 양을 정량한다.

몰리브데산 암모늄은 여러 가지 환원제에 의하여 몰리브덴 청을 생성하는데, 분광계를 이용한 측정이 가능하다. 이 물질의 조성은 정확치 않다. 이 색은 안정성이 없고 온도에 민감하여 정확도가 낮은 단점이 있으나, 비교적 간단하고 미량의 인에도 민감하고 정량적으로 반응한다.

10-1 인산염인 : 자외선/가시선분광법-이염화주석환원법

1. 실험이론 및 주의사항

① 시료 중의 인산염인이 몰리브데산 암모늄과 반응하여 생성된 몰리브덴산인 암모늄을 이염화주석으로 환원하여 생성된 몰리브덴 청의 흡광도를 690 nm에서 측정하는 방법이다.

$$\text{인산염-인} + \text{몰리브데산 암모늄} \rightarrow \text{몰리브데산인 암모늄} \xrightarrow{SnCl_2} \text{몰리브덴 청}$$

· 몰리브덴산 암모늄 : 인과 반응하면 몰리브덴산인 암모늄(황색)이 되고, 환원된 상태에서 청색을 나타낸다.

② 지표수, 지하수, 폐수 등에 적용할 수 있으며, 정량한계는 0.003 mg/L이다.

2. 시약 및 표준용액

1) 시약

① *p*-나이트로페놀용액(0.1%) : *p*-나이트로페놀용액($C_6H_4(OH)(NO_2)$, 분자량 : 139.11) 0.1 g을 정제수에 녹여 100 mL로 한다.

· pH 5.0에서는 무색, 7.0에서는 황색. 이산화탄소가 있을 때는 사용할 수 없다.

② 수산화나트륨용액(4%) : 수산화나트륨(NaOH, 분자량 : 40.0) 4 g을 정확히 취하여 정제수에 녹여 100 mL로 한다.
③ 암모니아수(1+10) : 암모니아수(28%) 10 mL를 정제수 100 mL에 넣어 잘 섞는다.
④ 몰리브덴산암모늄·4수화물(ammonium molybdate tetrahydrate, $(NH_4)_6Mo_7O_{24} \cdot 4H_2O$, 분자량 : 1235.86) 15 g을 물 약 150 mL에 녹이고 여기에 황산 182 mL와 정제수 약 600 mL를 섞은 액을 천천히 방냉하여 흔들어 섞고 설파민산 암모늄(ammonium sulfamate, $NH_4OSO_2NH_2$, 분자량 : 114.12) 10 g을 넣어 녹인 다음 물을 넣어 1000 mL로 한다.

· 시료 중에 질산 이온이나 아질산 이온이 없을 경우에는 설파민산 암모늄을 넣지 않아도 된다.

⑤ 이염화주석용액(10%)(인산염시험용) : 이염화주석·2수화물($SnCl_2 \cdot 2H_2O$, 분자량 : 225.63) 10 g을 염산(인산염시험용)에 넣어 녹이고 염산(인삼염시험용)을 넣어 100 mL로 한다.

2) 표준용액

① 표준원액(100 mg/L) : 미리 105℃에서 건조한 인산이수소칼륨(KH_2PO_4, 분자량 : 138.09, 표준시약) 0.439 g을 정밀히 달아 정제수에 녹여 정확히 1 L로 한다.
② 표준용액(5 mg/L) : 표준원액(100 mg/L) 5 mL를 정확히 취하여 정제수를 넣어 100 mL로 한다.

3. 분석절차

1) 분석방법

① 여과한 시료 적당량(인산염인 으로서 0.05 mg 이하 함유)을 정확히 취하여 50 mL 부피플라스크에 넣고 정제수를 넣어 약 40 mL로 한다.

· 시료가 산성일 경우에는 *p*-나이트로페놀용액(0.1%)을 지시약으로 수산화나트륨용액(4%) 또는 암모니아수(1+10)를 넣어 액이 황색이 나타낼 때까지 중화한다.

② 여기에 몰리브덴산암모늄용액 5 mL를 넣어 흔들어 섞고 이염화주석용액(인산염 시험용) 약 0.25 mL를 넣고 정제수를 넣어 표선을 채운 다음 다시 흔들어 섞고 20~30℃에서 10분간 방치한 다음 이 용액의 일부를 층장 10 mm 흡수셀에 옮겨 시료용액으로 한다.

· 발색제를 넣은 다음 흡광도 측정까지의 소요시간은 10분~12분으로 한다.

③ 따로 정제수 40 mL를 취하여 시료의 시험방법에 따라 시험하여 바탕시험용액으로 한다.

④ 바탕시험액을 대조액으로 하여 690 nm에서 시료용액의 흡광도를 측정하고 미리 작성한 검정곡선으로부터 인산염인의 양을 구하여 농도(mg/L)를 산출한다.

2) 검정곡선 작성

① 표준용액(5 mg/L) 0~10 mL를 단계적으로 취하여 50 mL 부피플라스크에 넣고 정제수를 넣어 전량을 40 mL로 한다. 단, 표준용액은 바탕용액을 제외하고 3개 이상 제조해야하며 필요에 따라 사용하는 표준용액의 양을 달리 할 수 있다.

② 이하 "1) 분석방법"에 따라 시험하여 인산염인의 양과 흡광도와의 관계식을 작성한다.

4. 결과보고

시료의 농도는 표준용액의 흡광도에 대한 시료의 흡광도를 비교 계산한다.

$$\text{인산염인(mg/L)} = \frac{(y-b)}{a} \times I$$

여기서, y : 시료의 흡광도

b : 검정곡선의 절편

a : 검정곡선의 기울기

I : 시료의 희석배수

10-2 인산염인 : 자외선/가시선분광법-아스코르빈산환원법

1. 실험이론 및 주의사항

① 몰리브덴산암모늄과 반응하여 생성된 몰리브덴산인암모늄을 아스코르빈산으로 환원하여 생성된 몰리브덴산 청의 흡광도를 880 nm에서 측정하여 인산염인을 정량하는 방법이다.

$$\text{인산염-인} + \text{몰리브데산 암모늄} \rightarrow \text{몰리브데산인 암모늄} \xrightarrow{\text{아스코르빈산}} \text{몰리브덴 청}$$

· **아스코르빈산법은 방해물질의 영향이 적다. 특히 Fe을 함유한 시료나 황산과 질산에 의한 전처리를 필요로 하는 시료의 측정에 편리하다.**

② 지표수, 지하수, 폐수 등에 적용할 수 있으며, 정량한계는 0.003 mg/L이다.

2. 간섭물질

① 5가 비소를 함유한 경우는 인산염인과 마찬가지로 발색을 일으킨다. 이러한 간섭은 이황산나트륨을 사용하여 5가 비소를 3가 비소로 환원시켜 제거할 수 있다.

② 과다한 3가 철(30 mg 이상)을 함유한 경우에는 몰리브덴청의 발색정도를 약화시켜 인산염인의 값이 낮게 측정될 수 있다. 아스코르빈산용액의 첨가량을 증가시키면 방해를 제어할 수 있다.

3. 시약 및 표준용액

① *p*-나이트로페놀용액(0.1%) : *p*-나이트로페놀용액 ($C_6H_4(OH)(NO_2)$, 분자량 : 139.11) 0.1 g을 정제수에 녹여 100 mL로 한다.

② 몰리브덴산 암모늄-아스코르빈산 혼합용액 :
몰리브덴산암모늄·4수화물 ($(NH_4)_6Mo_7O_{24} \cdot 4H_2O$, 분자량 : 1235.86) 6 g과 타타르산안티몬칼륨 ($K(SbO)C_4H_4O_6 \cdot 1/2H_2O$, 분자량 : 333.92) 0.24 g을 정제수 약 300 mL에 녹이고 황산(2+1) 120 mL와 설파민산암모늄 (ammonium sulfamate,

$NH_4OSO_2NH_2$, 분자량 : 114.12) 5 g을 넣어 녹인 다음 정제수를 넣어 500 mL로 하고 여기에 7.2 % L-아스코르빈산 ($C_6H_8O_6$, 분자량 : 176.12) 용액 100 mL를 넣어 섞는다. 사용 시 조제한다.

· 타타르산안티몬칼륨을 사용하면 흡광도가 빨리 안정되어 5분 이내로 측정이 가능하다.
· 시료 중에 질산 이온이나 아질산 이온이 없을 경우에는 설파민산 암모늄을 넣지 않아도 된다.

③ 수산화나트륨용액(4%) : 수산화나트륨 (NaOH, 분자량 : 40.00) 4 g을 정확히 취하여 정제수에 녹여 100 mL로 한다.
④ 암모니아수(1+10) : 암모니아수 (28%) 10 mL를 정제수 100 mL에 넣어 잘 섞는다.

2) 표준용액

① 표준원액(100 mg/L) : 미리 105℃에서 건조한 인산이수소칼륨(KH_2PO_4, 분자량 : 136.09 ; 표준시약) 0.439 g을 정밀히 달아 정제수에 녹여 정확히 1 L로 한다.
② 표준용액(5 mg/L) : 표준원액(100 mg/L) 25 mL를 정확히 취하여 정제수를 넣어 500 mL로 한다.

4. 분석절차

1) 분석방법

(1) 여과한 시료 적당량(인산염인 으로써 0.05 mg 함유)을 취하여 50 mL 부피 플라스크에 넣고 정제수를 넣어 약 40 mL로 한다.

· 시료가 산성일 경우에는 *p*-나이트로페놀용액(0.1%)을 지시약으로 수산화나트륨용액(4%) 또는 암모니아수(1+10)를 넣어 액이 황색이 나타낼 때까지 중화 한다.

(2) 몰리브덴산암모늄-아스코르빈산 혼합용액 4 mL를 넣고 정제수를 넣어 표선을 채운 다음, 흔들어 섞고 20~40℃에서 약 15분간 방치한다.

· 이 때 용액은 30분을 초과해서는 안 된다.

(3) 이 용액 일부를 층장 10 mm 흡수 셀에 옮겨 시료용액으로 하고 따로 정제수 40 mL를 취하여 7.1 전처리에 따라 시험하여 바탕시험액으로 한다.
(4) 바탕시험용액을 대조액으로 하여 880 nm에서 흡광도를 측정하고 미리 작성한 검정곡선으로부터 인산염인의 양을 구하고 농도(mg/L)를 산출한다.

· 880 nm에서 흡광도 측정이 불가능할 경우에는 710 nm에서 측정한다.

(5) 인산염인의 농도가 미량일 경우에는 발색 후 15 분간 방치한 시료액을 125 mL 분별깔때기에 옮기고 다이아이소부틸케톤(DIBK) 10 mL를 넣어 약 5 분간 흔들어 섞고 정치하여 액을 분리한 다음 수층은 버리고 다이아이소부틸케톤층을 흡수셀에 옮겨 640 nm에서 흡광도를 측정한다.

2) 검정곡선 작성

① 인산염인 표준용액(5 mg/L) 0～10 mL를 단계적으로 취하여 50 mL 부피플라스크에 넣고 정제수를 넣어 40 mL로 한다. 단, 표준용액은 바탕용액을 제외하고 3개 이상 제조해야하며 필요에 따라 사용하는 표준용액의 양을 달리 할 수 있다.

② 시료의 "4. 분석절차"에 따라 시험하여 인산염인의 양과 흡광도와의 관계식을 작성한다.

5. 결과보고

시료의 농도는 표준용액의 흡광도에 대한 시료의 흡광도를 비교 계산한다.

$$\text{인산염인(mg/L)} = \frac{(y-b)}{a} \times I$$

여기서, y : 시료의 흡광도

b : 검정곡선의 절편

a : 검정곡선의 기울기

I : 희석 배수

연습문제

01 다음은 인산염인(자외선/가시선 분광법－이염화주석환원법) 측정방법에 관한 내용이다. ( )안에 옳은 내용은?

> 시료 중의 인산염인이 몰리브덴산 암모늄과 반응하여 생성된 몰리브덴산인 암모늄을 이염화주석으로 환원하여 생성된 몰리브덴 청의 흡광도를 ( ) nm에서 측정하는 방법이다.

정답. 690

02 다음은 인산염인(자외선/가시선 분광법－아스코르빈산환원법) 측정방법에 관한 내용이다. ( )안에 옳은 내용은?

> 몰리브덴산암모늄과 반응하여 생성된 몰리브덴산인암모늄을 아스코르빈산으로 환원하여 생성된 몰리브덴산 청의 흡광도를 ( ) nm에서 측정하여 인산염인을 정량하는 방법이다.

정답. 880

실험 11 총인 : 자외선/가시선분광법

1. 실험목적

총인은 하천이나 호소 등의 부영양화를 나타내는 지표의 하나로 물속에 포함된 인의 총량을 말하며, 질소와 함께 영양염류로 적조의 원인이기도 하다. 합성세제에는 조성제로 쓰인 인화합물이 많이 들어 있다. 지표수, 지하수, 폐수 등에 포함된 총인을 측정하고자 한다.

2. 실험이론 및 주의사항

① 유기물화합물 형태의 인을 산화 분해하여 모든 인 화합물을 인산염(PO_4^{3-}) 형태로 변화시킨 다음 몰리브덴산암모늄과 반응하여 생성된 몰리브덴산인암모늄을 아스코르빈산으로 환원하여 생성된 몰리브덴산의 흡광도를 880 nm에서 측정하여 총인의 양을 정량하는 방법이다.

$$\text{총인} \rightarrow \text{인산염-인} \xrightarrow{\text{몰리브데산암모늄}} \text{몰리브데산인암모늄} \xrightarrow{\text{아스코르빈산}} \text{몰리브덴 청}$$

② 도시하수는 세 가지 형태의 인을 포함한다.
유기인, 오르토 인(PO_4-P), 응축인($P_2O_7^{4-}$, $P_3O_{10}^{5-}$)

② 지표수, 지하수, 폐수 등에 적용할 수 있으며, 정량한계는 0.005 mg/L이다.

3. 간섭물질

① 시료의 전처리 방법에서 축합인산과 유기인 화합물은 서서히 분해되어 측정이 잘 안 되기 때문에 과황산칼륨으로 가수분해시켜 정인산염으로 전환한 다음 다시 측정한다. 이때 시료가 증발하여 건고되지 않도록 약 10 mL 정도로 유지한다.

② 전처리한 시료가 염화이온을 함유한 경우는 염소가 생성되어 몰리브덴산의 청색 발

색을 방해하는 경우가 있으므로 분해 후 용액에 이황산수소나트륨용액(5%) 용액 1 mL를 가한다.

③ 상층액이 혼탁한 시료의 여과는 시료채취 후 여과지 5종 C 또는 1 μm 이하의 유리섬유여과지(GF/C)를 사용하여 여과하고 최초의 여과액 약 5~10 mL을 버리고 다음의 여과용액을 사용한다.

4. 시약 및 표준용액

1) 시약

① 과황산칼륨용액(4%) : 과황산칼륨($K_2S_2O_8$, 분자량 : 270.32) 4 g을 정제수에 용해시켜 100 mL로 한다.

② *p*-나이트로페놀용액(0.1%) : *p*-나이트로페놀($C_6H_4(OH)(NO_2)$, 분자량 : 139.11) 0.1 g을 정제수에 용해시켜 100 mL로 한다.

③ 몰리브덴산암모늄·아스코르빈산 혼합용액 : 몰리브덴산암모늄·4수화물(ammonium molybdate tetrahydrate, $(NH_4)_6Mo_7O_{24} \cdot 4H_2O$, 분자량 : 188.94) 6 g과 타타르산안티몬칼륨(potassium antimonyl tartrate, $K(SbO)C_4H_4O_6 \cdot 1/2H_2O$, 분자량 : 333.92) 0.24 g을 정제수 약 300 mL에 녹이고 황산(2+1) 120 mL와 설퍼민산암모늄(ammonium sulfamate, $5NH_4OSO_2NH_2$, 분자량 : 114.12) 5 g을 넣어 녹인 다음 정제수를 넣어 500 mL로 하고 여기에 7.2% L-아스코르빈산($C_6H_8O_6$, 분자량 : 176.12) 용액 100 mL를 넣어 섞는다. 사용 시 마다 조제한다.

④ 수산화나트륨용액(20%) : 수산화나트륨(NaOH, 분자량 : 40.00) 20 g을 정제수에 용해시켜 100 mL로 한다.

⑤ 수산화나트륨용액(4%) : 수산화나트륨 4 g을 정제수에 용해시켜 100 mL로 한다.

⑥ L-아스코르빈산용액(7.2%) : L-아스코르빈산($C_6H_8O_6$, 분자량 : 176.12) 7.2 g을 정제수에 녹여 100 mL로 한다.

2) 표준용액

(1) 표준원액(100 mg/L) : 미리 105℃에서 건조한 인산이수소칼륨(KH_2PO_4, 분자량 : 138.09) 0.439 g을 정확히 달아 정제수에 용해시켜 정확히 1 L로 한다.

(2) 표준용액(5 mg/L) : 표준원액(100 mg/L) 25 mL를 정확히 취하여 정제수를 넣어 500 mL로 한다.

5. 분석절차

1) 전처리

1)-1. 과황산칼륨 분해(분해되기 쉬운 유기물을 함유한 시료)

시료 50 mL(인으로서 0.06 mg 이하 함유)를 분해병에 넣고 과황산칼륨용액(4%) 10 mL를 넣어 마개를 닫고 섞은 다음 고압증기멸균기에 넣어 가열한다. 약 120℃가 될 때부터 30분간 가열분해를 계속하고 분해병을 꺼내 냉각한다.

· 유기인은 서서히 분해되어 측정이 안되므로 $S_2O_8^{2-}$를 넣고 산화시켜 오르토 인산염으로 전환한 다음 측정한다. 이때 시료가 증발 건고되지 않도록 약 10 mL 정도 남도록 한다.

$$S_2O_8^{2-} + 2e^- \rightarrow 2SO_4^{2-}$$

1)-2. 질산-황산 분해(다량의 유기물을 함유한 시료)

① 시료 50 mL(인으로서 0.06 mg 이하 함유)를 킬달플라스크에 넣고 질산 2 mL를 넣어 액량이 약 10 mL가 될 때까지 서서히 가열 농축하고 냉각한다. 여기에 질산 2～5 mL와 황산 2 mL를 넣고 가열을 계속하여 황산의 백연이 격렬하게 발생할 때까지 가열한다.

② 만일 액의 색이 투명하지 않을 경우에는 냉각 한 다음 질산 2～5 mL를 더 넣고 가열분해를 반복한다. 분해가 끝나면 정제수 약 30 mL를 넣고 약 10분간 조용히 가열하여 가용성 염을 녹이고 냉각 한다.

③ 이 용액을 *p*-나이트로페놀(0.1%)을 지시약으로 하여 수산화나트륨용액(20%) 및 수산화나트륨용액(4%)을 넣어 용액의 색이 황색을 나타낼 때까지 중화한 다음 50 mL 부피플라스크에 옮기고 정제수를 넣어 표선까지 채운다.

· *p*-나이트로페놀 : pH 5.0에서는 무색, 7.0에서는 황색. 이산화탄소가 있을 때는 사용할 수 없다.

2) 분석방법

① 전처리한 시료 25 mL를 취하여 마개 있는 시험관에 넣고 몰리브덴산암모늄·아스코르빈산 혼합용액 2 mL를 넣어 흔들어 섞은 다음 20～40℃에서 15분간 방치한다.

· 전처리한 시료가 탁한 경우에는 유리섬유 여과지로 여과하여 여과액을 사용한다.

② 이 용액의 일부를 층장 10 nm 흡수셀에 옮겨 시료용액으로 한다.

③ 따로 정제수 50 mL를 취하여 시료의 시험방법에 따라 시험하여 바탕시험액으로 한다.

④ 바탕시험용액을 대조액으로 하여 880 nm의 파장에서 시료 용액의 흡광도를 측정하여 미리 작성한 검정곡선으로 인산염인의 양을 구하여 농도를 계산한다.

· 880 nm에서 흡광도 측정이 불가능할 경우에는 710 nm에서 측정한다.

3) 검정곡선의 작성

① 표준용액(5 mg/L) 0~20 mL를 단계적으로 취하여 100 mL 부피플라스크에 넣고 정제수를 넣어 표선을 채운 다음 이 용액 25 mL 씩을 마개 있는 시험관에 넣는다. 단, 표준용액은 바탕용액을 제외하고 3개 이상 제조해야하며 필요에 따라 사용하는 표준용액의 양을 달리 할 수 있다.

② 이하 "2) 분석방법"에 따라 시험하여 인의 양과 흡광도와의 관계로부터 검정곡선을 작성한다.

6. 결과보고

1) 과황산칼륨 분해한 경우

$$총인(mg/L) = a \times \frac{60}{25} \times \frac{1000}{50} \qquad (식\ 1)$$

여기서, a : 검정곡선으로부터 구한 인의 양(mg)

2) 질산-황산 분해한 경우

$$총인(mg/L) = a \times \frac{1000}{25} \qquad (식\ 2)$$

여기서, a : 검정곡선으로부터 구한 인의 양(mg)

연습문제

01 다음은 총인(자외선/가시선 분광법) 측정방법에 관한 내용이다. (   )안에 옳은 내용은?

> 유기물화합물 형태의 인을 산화 분해하여 모든 인 화합물을 인산염(PO_4^{3-}) 형태로 변화시킨 다음 몰리브덴산암모늄과 반응하여 생성된 몰리브덴산인암모늄을 아스코르빈산으로 환원하여 생성된 몰리브덴산의 흡광도를 (   ) nm에서 측정하여 총인의 양을 정량하는 방법이다.

정답. 880

02 흡광광도법에 의한 총인 측정에 관한 설명 중 틀린 것은?

① 환원제로 아스코르빈산을 사용한다.
② 전처리한 시료의 상등액이 탁할 경우에는 유리섬유거름종이로 여과하여 여액을 사용한다.
③ 흡광광도법으로 측정시 파장은 680 nm에서 측정이 불가능한 경우에는 510 nm에서 측정한다.
④ 분해되기 쉬운 유기물을 함유한 시료 전처리로 과황산칼륨 분해법이 있다.

정답 ③

03 총인 측정에 관한 설명으로 알맞지 않은 것은?

① 일반적 측정방법으로 아스코르빈산 환원(흡광광도법)에 이용된다.
② 분해되기 쉬운 유기물을 함유한 시료는 질산(시료 50 mL, 질산 2 mL)을 넣고 가열하여 전처리한다.
③ 시료중 유기물을 산화분해하여 모든 인화합물을 PO_4^{3-} 형태로 변화시킨다.
④ 전처리한 시료의 상등액이 탁할 경우는 유리섬유여지로 여과하여 여액을 사용한다.

정답 ②

04 인산염 인 표준용액(0.005 mg P/mL) 5, 10, 15, 20 mL를 단계적으로 취하여 시험하여 인산염 인의 양과 흡광도와의 관계선을 작성하시오. 또한 회귀직선식과 그에 따른 상관계수(R)를 구하시오. 미지시료의 농도를 계산하고 과정을 자세히 쓰시오.

검량시료량(mL)	흡광도(실험값)
5	0.192
10	0.317
15	0.407
20	0.522
바탕실험액	0.077
미지시료 1	0.308
미지시료 2	0.448

정답. 230~233p 참조

실험 12 염소이온-적정법

1. 실험목적

수중에 존재하는 염화물 중의 염소를 염소이온이라 한다. 염소이온은 자연수에도 포함되어 있으나 하수, 공장폐수, 가정하수, 분뇨 등에 의하여 증가하기 때문에 오염의 지표가 된다. 다량의 염소이온은 물에 맛을 일으키고 철관 등의 부식을 촉진한다. 지표수, 지하수, 폐수 등에 포함된 염소이온을 측정하고자 한다.

2. 실험이론 및 주의사항

① 염소이온을 질산은과 정량적으로 반응시킨 다음 과잉의 질산은이 크롬산과 반응하여 크롬산은의 침전으로 나타나는 점을 적정의 종말점으로 하여 염소이온의 농도를 측정하는 방법이다.

$$Cl^- + Ag^+ \rightarrow AgCl \text{ (흰색 침전)}$$

$$2Ag^+ + CrO_4^{2-} \rightarrow Ag_2CrO_4 \text{ (엷은 적황색 침전)}$$

② 지표수, 지하수, 폐수 등에 적용할 수 있으며, 정량한계는 0.7 mg/L이다.

③ 염소이온은 천연적으로 광석 등에서 생성되기도 하나 **염분이나 염산 등에 의해 오염되어 발생되기도 한다**.

④ 비교적 분해되기 쉬운 유기물을 함유하고 있거나 자외부에서 흡광도를 나타내는 브롬이온이나 크롬을 함유하지 않는 시료에 적용된다.

⑤ 브롬화물이온, 요오드화물이온, 시안화물이온 등이 공존하면 염화물 이온으로 정량된다. 아황산이온, 싸이오황산이온, 황산이온은 과황산수소로 산화시키면 방해되지 않는다.

3. 시약 및 표준용액

① 수산화나트륨용액(4%) : 수산화나트륨(NaOH, 분자량 : 39.99) 4 g을 정제수에 녹여 100 mL로 한다.

② 질산은용액(0.1 N) : 질산은($AgNO_3$, 분자량 : 169.87) 17.0 g에 정제수를 넣어 녹여 1 L로 하고 표정한다. 표정하는 방법은 염화나트륨(NaCl, 분자량: 58.44)을 500~650℃에서 40분~50분간 건조한 다음 건조용기(실리카겔)에서 식힌 후 약 0.15 g을 정밀히 달아 정제수 50 mL를 넣어 녹여 크롬산칼륨용액(10%) 1 mL를 넣어 흔들면서 조제된 질산은용액으로 지속적인 붉은색을 나타낼 때까지 적정하여 농도 계수를 계산한다.

· 질산은용액(0.1 N)은 차광하여 보관한다.

③ 질산은용액(0.01 N) : 질산은용액(0.1 N) 100 mL를 정확히 취하여 정제수를 넣어 정확히 1 L로 한다.

④ 칼륨명반현탁용액 : 칼륨명반($KAl(SO_4)_2 \cdot 12H_2O$, 분자량 : 478.38) 125 g을 정제수에 녹여 1 L로 한 용액을 60℃에서 가온하고 암모니아수 55 mL를 조금씩 넣어 수산화알루미늄을 침전시킨 다음 약 1시간 방치하여 상층액을 버린 후 현탁액을 사용한다.

⑤ 크롬산칼륨용액 : 크롬산칼륨(K_2CrO_4, 분자량 : 194.19) 50 g을 정제수 약 200 mL에 녹이고, 붉은색침전이 생길 때까지 질산은 용액을 넣어 여과한 후 여과액에 정제수를 넣어 1 L로 한다.

⑥ 황산(1+35) : 황산(H_2SO_4, 비중 : 1.84, 분자량 : 98.08, 함량 : 95%이상) 2 mL를 정제수 70 mL 중에 저어 섞으면서 천천히 넣어 식힌 다음 사용한다.

4. 분석절차

① 시료 50 mL를 정확히 취하여 삼각플라스크에 담는다.

· 시료가 심하게 착색되어 있을 경우에는 칼륨명반현탁용액 3 mL를 넣어 탈색시킨 다음 상층액을 취하여 시험한다.

② 시료가 산성 또는 알칼리성인 경우 수산화나트륨용액(4%) 또는 황산(1+35)을 사용하여 중화하여 pH 약 7.0으로 조절한다.

· 용액의 산도는 6.5~10.5 이내여야 한다. 이보다 산성의 경우에는 CrO_4^{2-}는 $Cr_2O_7^{2-}$로 변하

기 때문에 Ag_2CrO_4로 침전되지 않는다. 반면 이보다 알칼리성일 경우에는 당량점 전에 염화물이 생성된다.

③ 크롬산칼륨용액 1 mL를 넣어 **질산은용액**(0.01 N)으로 적정한다. 적정의 종말점은 **엷은 적황색 침전**(**크롬산은**)이 나타날 때로 하며, 따로 정제수 50 mL를 취하여 바탕시험액으로 하고 시료의 시험방법에 따라 시험하여 보정한다.

5. 결과보고

다음 식을 사용하여 농도를 계산한다.

$$\text{염소이온(mg/L)} = (a-b) \times f \times 0.3545 \times \frac{1,000}{V}$$

여기서, a : 시료의 적정에 소비된 질산은용액(0.01 N)의 량(mL)

b : 바탕시험액의 적정에 소비된 질산은용액(0.01 N)의 량(mL)

f : 질산은용액(0.01 N)의 농도계수

V : 시료량(mL)

연습문제

01 다음은 염소이온 분석을 위한 적정법에 대한 내용이다. ( ) 안에 알맞은 내용은?

> 염소이온을 ( )과 정량적으로 반응시킨 다음 과잉의 ( )이 크롬산과 반응하여 ( )색의 크롬산은의 침전으로 나타나는 점을 적정의 종말점으로 하여 염소이온의 농도를 측정하는 방법이다.

정답. 질산은, 질산은, 엷은 적황

02 적정법으로 염소이온 측정시 아황산이온, 싸이오황산이온, 황산이온의 간섭을 방지하는 방법으로 가장 적절한 것은?

① 황산알루미늄 주입으로 응집제거함
② 클로로폼으로 추출함
③ 과황산수소로 산화시킴
④ 아세트산아연용액으로 탈이온화

정답 ③

03 염소 이온 농도를 정량하기 위해 폐수 50 mL를 취하여 중화시킨 다음 크롬산칼륨 용액 1 mL를 넣고 0.01 N 질산은 용액($f = 1.02$)으로 적정하였다. 엷은 적황색 침전이 나타낼 때의 적정량은 21.5 mL였다. 바탕시험에 소비된 질산은 용액은 0.2 mL였다. 실험한 폐수의 염소이온 농도는?

$N_{Cl^-} \times 50\ mL = 0.01\ N \times (21.5 - 0.2)\ mL \times 1.02$

$N_{Cl^-} = 0.004\ N$

실험 13 불소화합물 : 자외선/가시선분광법

1. 실험목적

물속에 존재하는 불소는 지질로부터 유래되나 유리제조 공업, 도기제조, 알루미늄 정련, 반도체 제조, 냉매제조, 농약제조 및 코크스공장 등의 배수의 혼입에 의해서도 기인한다. 불소는 화합력이 대단히 높으며, 특히 불산은 부식성이 강해 금, 백금 이외의 거의 대부분의 금속을 녹이고 유리 등의 규산염도 쉽게 녹이는 성질이 있다.
불소를 포함한 물을 섭취할 경우 유아의 뼈의 발육을 저해하고 반상치의 원인이 되나 적량(0.5~1.0 mg/L)의 경우는 충치의 예방 효과가 있다.
지표수, 지하수, 폐수 등에 포함된 불소화합물을 측정하고자 한다.

2. 실험이론 및 주의사항

① 물속에 존재하는 불소를 측정하기 위하여 시료에 넣은 란탄알리자린 콤프렉손의 착화합물이 불소이온과 반응하여 생성하는 청색의 복합 착화합물의 흡광도를 620 nm에서 측정하는 방법이다.
② 지표수, 지하수, 폐수 등에 적용할 수 있으며, 정량한계는 0.15 mg/L 이다.
③ 알루미늄 및 철의 방해가 크나 증류하면 영향이 없다.

3. 분석기기 및 기구

(1) 증류장치 : 증류장치는 다음 그림 1 또는 2와 같은 증류장치를 사용한다.

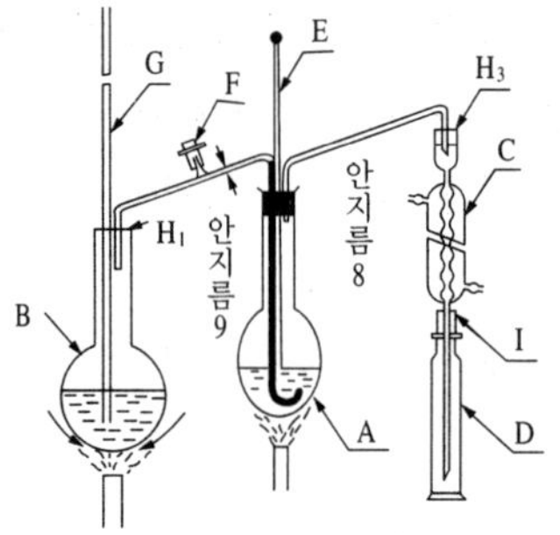

A : 300～500 mL 킬달플라스크
B : 1L 수증기발생용 플라스크
C : 냉각기
D : 수기(마개있는 250mL 부피실린더)
E : 온도계 F : 조절용 콕크 고무관
G : 유리관 H_1-H_3 : 고무마개 I : 고무관

그림 1 수증기 증류장치

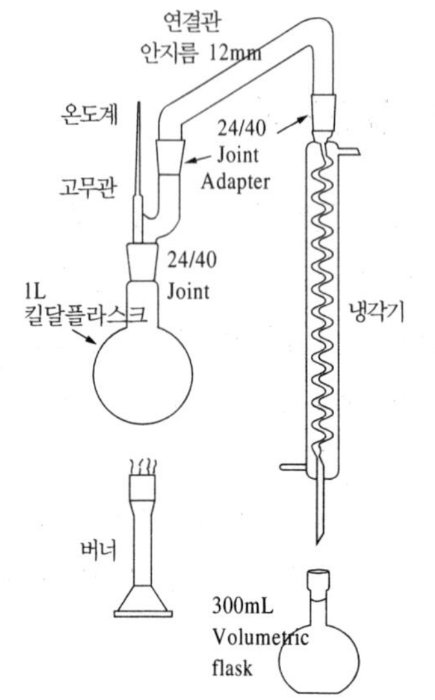

그림 2 직접 증류장치

4. 시약 및 표준용액

1) 시약

① 과염소산($HClO_4$, 분자량 : 98.0)

② 란탄용액(0.05 M) : 산화란탄(lanthanum oxide, La_2O_3 분자량 : 325.81) 0.163 g을 염산용액(2 M) 10 mL에 녹인다.

③ 란탄알리자린콤프렉손용액 : 알리자린콤플렉손(1,2-dihydroxyanthraquinonyl-3-methylamine-N,N-2-acetate, $C_{19}H_{15}NO_8$, 분자량 : 385.33) 0.192 g을 암모니아수(1+10) 4 mL와 아세트산암모늄용액(20%) 4 mL에 녹이고 아세트산나트륨·3수화물($CH_3COONa \cdot 3H_2O$, 분자량 : 136.08) 41 g을 정제수 400 mL에 녹이고 아세트산 24 mL를 넣은 용액과 섞는다. 이 용액에 아세톤 400 mL를 섞으면서 서서히 넣고 란탄용액 10 mL을 넣고 섞으면서 실온으로 냉각한다. 냉각한 다음 아세트산 또는 암모니아수로 pH를 4.7로 조절하고 정제수를 넣어 정확히 1 L로 하여 섞는다.

④ 수산화나트륨용액(10%) : 수산화나트륨(NaOH, 분자량 : 40.00) 10 g을 정제수에 녹여 100 mL로 한다.

⑤ 아세트산암모늄용액(20%) : 아세트산암모늄 · 3수화물($CH_3COONH_4 \cdot 3H_2O$, 분자량 : 131.13) 20 g을 정제수에 녹여 100 mL로 한다.

⑥ 암모니아수(1+10) : 암모니아수(NH_4OH, 분자량 : 35.05)와 정제수를 부피비가 1 : 10이 되도록 혼합하여 조제한다.

⑦ 염산용액(2 M) : 염산(HCl, 분자량 : 36.46, 비중 : 1.18, 함량 : 36.5～38%) 167 mL를 정제수 800 mL에 조심히 넣어 섞은 후 정제수를 넣어 정확히 1 L로 한다.

⑧ 인산(H_3PO_4, 분자량 : 98.0)

⑨ 페놀프탈레인 · 에탄올용액(0.5%) : 페놀프탈레인 0.5 g을 에탄올 90 mL에 녹이고 정제수를 넣어 100 mL로 한다.

⑩ 황산(H_2SO_4, 분자량 : 98.08, 비중 : 1.84, 함량 : 95% 이상)

2) 표준용액

① 표준원액(1,000 mg/L) : 99% 이상의 불화나트륨(sodium fluoride, NaF, 분자량 : 41.99)을 니켈도가니에 넣고 500～550℃에서 50분간 가열한 후 데시케이터에서 냉각시킨 다음 2.210 g을 정확히 무게를 재어 정제수에 녹여 정확히 1 L로 한 다음 폴리에틸렌병에 보관한다.

② 표준용액(100 mg/L) : 불소 표준원액(1,000 mg/L) 10.0 mL를 취하여 정제수로 정확히 100 mL로 한다.

③ 표준용액(2.0 mg/L) : 불소 표준용액(100 mg/L) 2.0 mL를 취하여 정제수로 정확히 100 mL로 한다.

5. 분석절차

1) 전처리

1)-1. 직접 증류법

① 1 L 증류플라스크에 정제수 400 mL를 넣고 플라스크벽을 따라 황산 200 mL를 조심하여 가한 다음 흔들어 섞고 끓임쪽 수개를 넣어 그림 1과 같이 증류장치를 연결한다.

② 증류플라스크를 가열하여 180℃가 될 때까지 증류하고 유출액은 버린다.

· 이 조작은 기구와 황산중의 불소 이온을 제거하고 산-물의 부피비를 맞추기 위한 것이다.

· 증류플라스크를 가열하여 180℃ 이상이 되면 황산이 분해되어 유출되므로 약 178℃에서 가열을 중지한다.

③ 증류플라스크를 100℃ 이하로 냉각한 다음 시료 300 mL를 서서히 넣어 흔들어 섞고 다시 증류장치에 연결하여 위와 같은 방법으로 증류한다.

· 염소이온이 다량 함유되어 있는 시료는 증류하기 전에 황산은을 5 mg/mg Cl^-의 비율로 넣어준다.

④ 유출액은 500 mL 부피실린더에 받아 정제수를 넣어 일정한 부피로 맞추고 온도 계산시 시료부피를 보정해 준다.

· 증류플라스크에 들어 있는 황산은 오염이 축적되어 불소측정에 방해를 주지 않는 한 계속해서 사용할 수 있다.

1)-2. 수증기 증류법

① 시료 적당량(불소로서 0.03 mg 이상 함유)을 비커 또는 자제증발접시에 넣고 페놀프탈레인·에탄올용액(0.5%) 2~3방울을 넣어 용액의 색이 붉은색을 나타낼 때까지 수산화나트륨용액(10%)을 넣은 다음 가열하여 약 30 mL로 증발 농축한다.
② 농축시료를 정제수 약 10 mL를 사용하여 그림 2 증류장치의 킬달플라스크에 씻어 넣고 이산화규소 약 1 g, 인산 1 mL, 과염소산 40 mL 및 끓임쪽 수개를 넣는다.
③ 증류플라스크에 정제수 약 600 mL를 넣고 증류장치의 각 부분을 연결한 다음 가열하여 증류를 시작하고 미리 정제수 20 mL를 넣어둔 250 mL 부피실린더 또는 부피플라스크를 사용하여 냉각관의 끝이 정제수에 잠기도록 하여 유출액을 받는다.
④ 킬달플라스크 안의 액온이 약 140℃가 되었을 때 수증기를 통하기 시작하여 증류온도가 140 ~150℃로 유지되도록 한다. 유출속도는 매분 3~5 mL로 하여 수집기의 액량이 약 220 mL가 되었을 때 증류를 끝낸다.
⑤ 냉각관을 분리하여 냉각관의 안쪽을 정제수 소량을 사용하여 씻어주고 씻은 액과 정제수를 넣어 250 mL로 표선을 채운다.

2) 분석방법

① 전처리한 시료 적당량(30 mL이하로서 불소 0.05 mg 이하 함유)을 50 mL 부피플라스크에 취하여 란탄·알리자린 콤프렉손 용액 20 mL를 넣고 정제수를 넣어 표선까

지 채우고 흔들어 섞은 다음 약 1시간 방치한다.

· 시료 중 불소함량이 정량범위를 초과할 경우 탈색현상이 나타날 수도 있다. 이러한 경우에는 취하는 시료량을 정량범위 이내에 들도록 감량하거나 희석한 다음 다시 시험한다.

② 이 용액의 일부를 층장 10 mm 흡수셀에 옮겨 시료용액으로 하고, 따로 정제수 30 mL를 취하여 시료의 시험방법에 따라 시험하여 바탕시험액으로 한다.

③ 바탕시험액을 대조액으로 하여 620 nm에서 시료용액의 흡광도를 측정하고 미리 작성한 검정곡선으로부터 불소이온의 양을 구하고 농도(mg/L)를 산출한다.

3) 검정곡선의 작성

① 표준용액(2 mg/L) 0～25 mL를 단계적으로 취하여 50 mL 부피플라스크에 넣는다. 단, 표준용액은 바탕용액을 제외하고 3개 이상 제조해야 하며 필요에 따라 사용하는 표준용액의 양을 달리 할 수 있다.

② 이하 “2) 분석방법”에 따라 시험하여 불소의 양과 흡광도와의 검정곡선을 작성한다.

6. 결과보고

검정곡선은 농도에 대한 흡광도로 작성한다. 시료의 농도는 표준용액의 흡광도에 대한 시료의 흡광도를 비교하여 계산한다.

$$\text{불소(mg/L)} = \frac{(y-b)}{a} \times I$$

여기서, y : 시료의 흡광도

b : 검정곡선의 절편

a : 검정곡선의 기울기

I : 시료의 희석배수

연습문제

01 다음은 불소(자외선/가시선 분광법) 측정에 관한 내용이다. (   )안에 내용으로 옳은 것은?

> 물속에 존재하는 불소를 측정하기 위하여 시료에 넣은 란탄알리자린 콤프렉손의 착화합물이 불소이온과 반응하여 생성하는 (   )의 복합착화합물의 흡광도를 (   ) nm에서 측정하는 방법이다.

정답. 청색, 620

02 자외선/가시선 분광법을 적용한 불소측정에 관한 설명으로 틀린 것은?

① 란탄알리자린 콤프렉손의 착화합물이 불소이온과 반응 생성하는 청색의 복합 착화합물의 흡광도를 620 nm에서 측정한다.
② 정량한계는 0.03 mg/L이다.
③ 알루미늄 및 철의 방해가 크나 증류하면 영향이 없다.
④ 전처리법으로 직접증류법과 수증기증류법이 있다.

정답. ② 불소-자외선/가시선 분광법에서 정량한계는 0.15 mg/L

03 다음은 불소의 수증기증류법에 관한 설명이다. (   )안에 내용으로 옳은 것은?

> 증류플라스크에 정제수 약 600 mL를 넣고 증류장치의 각 부분을 연결한 다음 가열하여 증류를 시작하고 미리 정제수 20 mL를 넣어둔 250 mL 부피실린더 또는 부피플라스크를 사용하여 냉각관의 끝이 정제수에 잠기도록 하여 유출액을 받는다. 킬달플라스크 안의 액온이 약 (   )℃가 되었을 때 수증기를 통하기 시작하여 증류온도가 (   )℃로 유지되도록 한다.

정답. 140, 140~150

04 수질오염공정시험기준 상 불소화합물을 측정하기 위한 시험방법 세 가지를 쓰시오.

이온크로마토그래피, 이온전극법, 자외선/가시선 분광법

실험 14 시안 : 자외선/가시선분광법

1. 실험목적

시안화합물은 자연수에는 거의 포함되어 있지 않으나 도금, 금속제련, 사진공업, 쓰레기 소각장, 시안화합물의 제조공장, 창고의 소독 시 발생하여 배수에 혼입되는 일이 많다. 자연계 중의 시안은 시안화수소, 시안이온과 같은 유리시안의 금속착화제로 존재하며, 독성이 강하여 미량으로도 하수 정화, 미생물의 성장에 장애를 준다. 또, 다량 존재할 경우 정화시설의 관리 및 유지 작업시의 인체에 대한 영향도 고려되어야 한다.
시안화수소는 맹독하나 시안화합물의 독성은 그 형태에 따라 큰 차이가 있다. 시안화합물은 폐수 중에 주로 시안화물이온(CN^-) 및 시안 착화물 형태로 용해되어 있다.
지표수, 지하수, 폐수 등에 포함된 시안을 측정하고자 한다.

2. 실험이론 및 주의사항

① 물속에 존재하는 시안을 측정하기 위하여 시료를 pH 2 이하의 산성에서 가열 증류하여 시안화물 및 시안착화합물의 대부분을 시안화수소로 유출시켜 포집한 다음 포집된 시안이온을 중화하고 클로라민-T를 넣어 생성된 염화시안이 피리딘-피라졸론 등의 발색시약과 반응하여 나타나는 청색을 620 nm에서 측정하는 방법이다.
② 지표수, 지하수, 폐수 등에 적용할 수 있으며, 정량한계는 0.01 mg/L 이다.

· 각 시안화합물의 종류를 구분하여 정량할 수 없다.

③ 다량의 유지류가 함유된 시료는 아세트산 또는 수산화나트륨 용액으로 pH 6~7로 조절하고 시료의 약 2%에 해당하는 노말헥산 또는 클로로폼을 넣어 짧은 시간동안 흔들어 섞고 수층을 분리하여 시료를 취한다.
④ 황화합물이 함유된 시료는 아세트산아연용액(10%) 2 mL를 넣어 제거한다. 이 용액 1 mL는 황화물이온 약 14 mg에 대응한다.

3. 분석기기 및 기구

① 그람 냉각기(graham condenser) : 냉각기의 일종으로 주로 기화된 시료의 냉각 및 액화에 사용된다. 냉각기의 내부에는 나선형으로 된 시료이송 관이 위치하고 있으며, 냉각수는 시료 이송관의 외부로 흐른다.

② 증류장치 : 그람 냉각기(graham condenser)가 부착된 1 L 부피의 유리재질의 증류장치를 사용한다. 그림 1과 같이 할 수 있다.

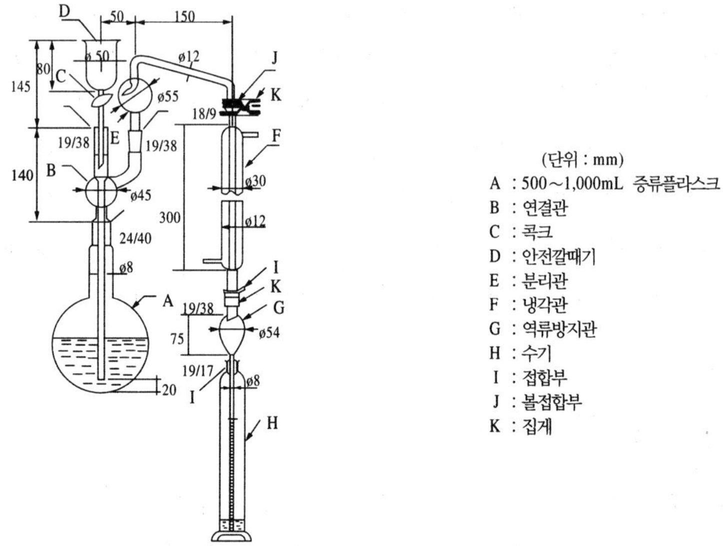

그림 1. 시안증류장치 구성도

4. 시약 및 표준용액

1) 시약

① 4-다이메틸아미노벤지리덴로다닌-아세톤용액(0.02%) : 4-다이메틸아미노벤지리덴로다닌(4-dimethylaminobenzylidenerhodanine, $C_{12}H_{12}N_2OS_2$, 분자량 : 248.36) 0.02 g을 아세톤(CH_3COCH_3, 분자량 : 58.08)에 녹여 100 mL로 한다.

② 설퍼민산암모늄 용액(10%) : 설퍼민산암모늄($NH_4OSO_2NH_2$, 분자량 : 114.13) 10 g을 정제수에 녹여 100 mL로 한다.

③ 수산화나트륨용액(2%) : 수산화나트륨(NaOH, 분자량 : 40.00) 2 g을 정제수에 녹여 100 mL로 한다.

④ 아세트산아연용액(10%) : 아세트산아연($Zn(CH_3COO)_2$, 분자량 : 183.49) 10 g을 정

제수에 녹여 100 mL로 한다.

⑤ L-아스코르빈산용액(10%) : L-아스코르빈산($C_6H_8O_6$, 분자량 : 176.13) 10 g을 정제수에 녹여 100 mL로 한다.

⑥ 에틸렌다이아민테트라아세트산이나트륨 용액(시안시험용) : 에틸렌다이아민테트라아세트산이나트륨·2수화물($C_{10}H_{14}N_2Na_2O_8 \cdot 2H_2O$, 분자량 : 342.14) 10 g을 정제수에 녹이고 수산화나트륨용액(0.4%)으로 약알칼리성으로 하여 정제수를 넣어 100 mL로 한다.

⑦ 이산화비소산나트륨용액(10%) : 이산화비소산나트륨(=아비산나트륨, sodium arsenite, $NaAsO_2$, 분자량 : 129.91) 10 g을 정제수에 녹여 100 mL로 한다.

⑧ 인산염완충용액(pH 6.8) : 인산이수소칼륨(KH_2PO_4, 분자량 : 138.09) 34 g과 무수인산일수소나트륨(Na_2HPO_4, 분자량 : 141.96) 35.6 g을 정제수에 녹여 1 L로 한다.

⑨ 진한 인산(H_3PO_4, 분자량 : 98.0, 함량 : 85%)

⑩ 질산은용액(0.1 M) : 질산은($AgNO_3$, 분자량 : 169.87) 17.0 g을 녹여 1 L로 한 후 갈색 병에 보관한다. 크롬산칼륨(K_2CrO_4, 분자량 : 194.19) 0.2 mL를 지시약으로 가한 후, 붉은색이 될 때까지 염화나트륨 표준용액(0.1 N)으로 표정한다.

⑪ 클로라민-T 용액(1%) : 클로라민-T·3수화물($C_7H_7ClNNaO_2S \cdot 3H_2O$, 분자량 : 281.70) 1.25 g을 정제수에 녹여 100 mL로 한다. 사용할 때 조제한다.

⑫ 페놀프탈레인·에탄올용액(0.5%) : 페놀프탈레인 0.5 g을 에탄올(C_2H_5OH, 분자량 : 46.19 ; 95%) 90 mL에 녹이고 정제수를 넣어 100 mL로 한다.

⑬ 피리딘-피라졸론 혼합용액 : 1-phenyl-3-methyl-5-pyrazolone ($C_{10}H_9N_2O$, 분자량 : 346.38) 0.25 g을 75℃ 열수에 녹이고 실온으로 냉각하여 bis(1-phenyl-3-methyl-5-pyrazolone) ($C_{20}H_{18}N_4O_2$, 분자량 : 346.39) 0.02 g을 피리딘(C_6H_5N, 분자량 : 91.11) 20 mL에 녹인 액과 섞는다. 사용할 때 조제한다.

2) 표준용액

(1) 표준원액(1,000 mg/L) : 시안화칼륨(분자량 : 65.12, 표준시약) 2.51 g을 정제수에 녹여 1 L로 한다. 이 용액은 사용 시 조제하며 정확한 농도는 표정절차에 따라 구한다.

표정

① 시안이온 표준원액 100 mL를 정확히 취하여 수산화나트륨용액(2%) 1 mL와 지시약 *p*-다이메틸아미노벤지리덴로다닌-아세톤용액(0.02%) 0.5 mL를 넣고 질산은용액(0.1 M)으로 액의 황색이 붉은색으로 되는 종말점으로 하여 적정한다.

② 표정

$$C = a \times f \times 0.05204$$

여기서, C : 시안 농도(mg/mL)

a : 질산은용액(0.1 M) 소비량(mL)

f : 질산은용액(0.1 M)의 농도계수(factor)

② 표준용액(1.0 mg/L) : 표준원액(1,000 mg/L) 10 mL를 정확히 취하여 수산화나트륨용액(2%) 100 mL와 정제수를 넣어 정확히 1 L로 한다. 이 용액 10 mL를 정확히 취하여 정제수를 넣어 100 mL로 하며 사용 시 조제한다.

5. 분석절차

1) 전처리

① 시료 100 mL(시안으로서 0.05 mg 이하)를 취하여 500 mL 증류플라스크에 넣고 정제수를 넣어 약 250 mL로 한 다음 지시약으로 페놀프탈레인·에탄올용액 (0.5%) 2~3방울을 넣고 인산 또는 수산화나트륨용액(2%)을 사용하여 중화하고 그림 1과 같이 시안증류장치를 조립한다.

② 주입깔때기를 통하여 설퍼민산암모늄용액(10%) 1 mL와 인산 10 mL 및 에틸렌다이아민테트라아세트산이나트륨용액(시안시험용)을 넣고 수 분간 방치한 다음 증류플라스크를 가열하여 매분 2~3 mL의 유출속도로 증류한다.

③ 수집기는 미리 수산화나트륨용액(2%) 20 mL를 넣어둔 마개 있는 100 mL 부피실린더를 사용하여 수집기 중의 액량이 90 mL가 되었을 때 증류를 끝내고 냉각기를 떼어내어 냉각기의 안쪽을 소량의 정제수로 씻은 후 정제수를 넣어 정확히 100 mL로 한다.

2) 분석방법

① 전처리한 시료 20 mL를 정확히 취하여 50 mL 부피 플라스크에 넣고 지시약으로 페놀프탈레인·에탄올용액(0.5%) 한 방울을 넣어 조용히 흔들어 주면서 용액의 붉은색이 없어질 때까지 아세트산(1+8)을 넣는다(약 1 mL 소요).

② 인산염완충용액(pH 6.8) 10 mL와 클로라민-T 용액(1%) 0.25 mL를 넣고 마개를 막아 조용히 섞는다.

③ 약 5분 간 방치하고 피리딘-피라졸론 혼합용액 15 mL를 넣고 정제수를 넣어 표선을 채운 다음 조용히 섞고 25℃의 물중탕기에서 30분간 방치한다.
④ 이 용액의 일부를 층장 10 mm 흡수셀에 옮겨 시료로 한다.
⑤ 따로 정제수 20 mL를 취하여 시료의 시험방법에 따라 시험하여 바탕시험 용액으로 한다.
⑥ 바탕시험 용액을 대조군으로 하여 620 nm에서 시료의 흡광도를 측정하고 미리 작성한 검정곡선으로부터 시안의 양을 구하고 농도를 구한다.

· 다량의 유지류가 함유된 시료는 아세트산 또는 수산화나트륨 용액으로 pH 6～7로 조절하고 시료의 약 2%에 해당하는 노말헥산 또는 클로로폼을 넣어 짧은 시간동안 흔들어 섞고 수층을 분리하여 시료를 취한다.

· 잔류염소가 함유된 시료는 잔류염소 20 mg 당 L-아스코르빈산(10%) 0.6mL 또는 아비산나트륨용액(10%) 0.7 mL를 넣어 제거한다.

· 황화합물이 함유된 시료는 아세트산아연용액(10%) 2 mL를 넣어 제거한다. 이 용액 1 mL는 황화물이온 약 14 mg에 대응한다.

3) 검정곡선 작성

① 표준용액(1.0 mg/L) 0～10 mL를 단계적으로 취하여 100 mL 부피플라스크에 넣고 정제수를 넣어 표선을 채운다. 단, 표준용액은 바탕용액을 제외하고 3개 이상 제조해야하며 필요에 따라 사용하는 표준용액의 양을 달리 할 수 있다.
② 이하 “2) 분석방법”에 따라 시험하여 시안의 양과 흡광도와의 검정곡선을 작성한다.

6. 결과보고

검정곡선은 표준용액의 농도에 대한 흡광도로 작성한다. 시료의 농도는 표준용액의 흡광도에 대한 시료의 흡광도를 비교하여 계산한다.

$$\text{시안(mg/L)} = \frac{(y-b)}{a} \times I$$

여기서, y : 시료의 흡광도
b : 검정곡선의 절편
a : 검정선의 기울기
I : 시료의 희석배수

연습문제

01 다음은 시안(자외선/가시선 분광법) 측정에 관한 내용이다. ( )안에 내용으로 옳은 것은?

> 물속에 존재하는 시안을 측정하기 위하여 시료를 pH 2 이하의 산성에서 가열 증류하여 시안화물 및 시안착화합물의 대부분을 시안화수소로 유출시켜 포집한 다음, 포집된 시안이온을 중화하고 ( )을(를) 넣어 생성된 염화시안이 피리딘-피라졸론 등의 발색 시약과 반응하여 나타나는 청색을 620 nm에서 측정하는 방법이다.

정답. 클로라민 T

02 시안분석을 위하여 채취한 시료 보존방법에 관한 내용 중 옳지 않은 것은?

① 시안 분석용 시료에 잔류염소가 공존할 경우 시료 1 L당 아스코르빈산 1g을 첨가한다.
② 시안 분석용 시료에 산화제가 공존할 경우에는 시안을 파괴할 수 있으므로 채수 즉시 황산암모늄철을 시료 1 L당 0.6 g 첨가한다.
③ NaOH로 pH 12 이상으로 하여 4℃에서 보관한다.
④ 최대 보존 기간은 14일 정도이다.

정답. ② : 페놀분석의 경우

03 시안(자외선/가시선 분광법)분석에서 분석에 영향을 미치는 물질과 이를 제거하기 위해 사용되는 시약을 적으시오.

① 유지류-노말헥산 또는 클로로폼
② 황화합물-아세트산아연용액
③ 잔류염소-L-아스코르빈산 또는 아비산나트륨용액

실험 15 음이온계면활성제 : 자외선/가시선분광법

1. 실험목적

음이온계면활성제는 가정하수나 산업폐수로 지하수나 지표수에 흘러 들어갈 수 있으며, 보통 물에 녹기 쉬운 친수성 부분과 기름에 녹기 쉬운 소수성 부분을 가지고 있다. 세제 용도에 많이 사용되는 것 외에도 식품과 화장품의 유화제, 보습제로도 많이 사용되고 있다.

지표수, 지하수, 폐수 등에 포함된 음이온계면활성제를 측정하고자 한다.

2. 실험이론 및 주의사항

① 물속에 존재하는 음이온 계면활성제를 측정하기 위하여 메틸렌블루와 반응시켜 생성된 청색의 착화합물을 클로로폼으로 추출하여 흡광도를 650 nm에서 측정하는 방법이다.

② 지표수, 지하수, 폐수 등에 적용할 수 있으며, 정량한계는 0.02 mg/L 이다.

· 이 시험기준으로는 시료중의 계면활성제를 종류별로 구분하여 측정할 수 없다.

③ 음이온계면활성제

명칭	약자	구조식
Linear alkylbenzene sulfonate	LAS	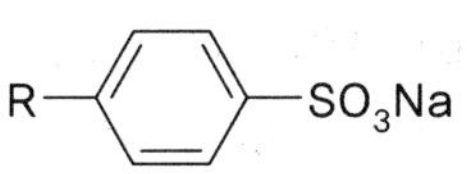
Side chain alkylbenzene sulfonate	ABS	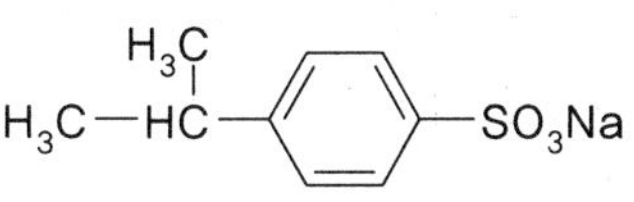
고급 alcohol alkyl sulfur ester	AS	RCH_2-O-SO_3Na

3. 간섭물질

① 약 1,000 mg/L 이상의 염소이온 농도에서 양의 간섭을 나타내며 따라서 염분농도가 높은 시료의 분석에는 사용할 수 없다.

② 유기 설폰산염(sulfonate), 황산염(sulfate), 카르복실산염(carboxylate), 페놀 및 그 화합물, 무기 싸이오시안(thiocynide)류, 질산이온 등이 존재할 경우 메틸렌블루 중 일부가 클로로폼 층으로 이동하여 양의 오차를 나타낸다.

③ 양이온 계면활성제 혹은 아민과 같은 양이온 물질이 존재할 경우 음의 오차가 발생할 수 있다.

④ 시료 속에 미생물이 있을 경우 일부의 음이온 계면활성제가 신속히 변할 가능성이 있으므로 가능한 빠른 시간 안에 분석을 하여야 한다.

4. 시약 및 표준용액

1) 시약

① 메틸렌블루용액(0.03%) : 메틸렌블루 0.3 g을 정제수에 녹여 1000 mL 로 한다.

② 수산화나트륨용액(0.4%) : 수산화나트륨(NaOH, 분자량 : 40.00) 0.4 g 을 정제수에 녹여 100 mL로 한다.

③ 알칼리성붕산나트륨용액 : 붕산나트륨 · 10수화물($Na_2B_4O_7 \cdot 10H_2O$, 분자량 : 381.22) 9.54 g을 정제수에 녹여 500 mL로 하고 수산화나트륨용액(0.4%) 500 mL와 혼합한다.

④ 클로로폼(CH_3Cl, 분자량 : 50.49) : 순도 98% 이상의 고순도 시약을 사용한다.

⑤ 페놀프탈레인 · 에탄올용액(0.5%) : 페놀프탈레인 0.5 g을 에탄올(C_2H_5OH, 분자량 : 46.07, 95%) 90 mL에 녹이고 정제수를 넣어 100 mL로 한다.

⑥ 황산용액(1 M) : 황산(H_2SO_4, 비중 : 1.84, 분자량 : 98.08, 함량 : 95% 이상) 60 mL를 정제수로 희석하여 1 L로 한다.

⑦ 황산용액(3 M) : 황산 180 mL를 정제수로 희석하여 1 L로 한다.

2) 표준용액

① 표준원액(500 mg /L) : 라우릴황산나트륨($CH_3(CH_2)_{11}OSO_3Na$, 분자량 : 288.38)을 순도 100%로 환산한 0.500 g을 정제수에 녹여 1 L로 한다.

② 표준용액(10 mg/L) : 표준원액(500 mg/L) 10 mL를 정확히 취하여 정제수를 넣어 정확히 500 mL로 한다.

5. 분석절차

1) 전처리

① 두 개의 250 mL 분별깔때기(A, B)를 준비하여 분별깔때기(A)에는 정제수 50 mL, 분별깔때기(B)에는 정제수 100 mL를 넣고 알칼리성붕산나트륨용액 10 mL, 메틸렌블루용액(0.025%) 5 mL 및 클로로폼 10 mL씩을 넣고 흔들어 섞고 정치하여 클로로폼층을 버린다.

② 클로로폼층이 무색으로 될 때까지 반복조작을 한다. 분별깔때기(B)에는 황산(1+35) 3 mL를 넣어 둔다.

2) 분석방법

① 시료 적당량(음이온 계면활성제로서 0.002~0.05 mg 함유)을 취하여 분별깔때기(A)에 넣고 클로로폼 10 mL를 넣어 1분간 흔들어 섞은 다음 정치하고 클로로포폼층을 취하여 분별깔때기(B)에 옮겨 1분간 흔들어 섞고 정치한다.

② 클로로폼층을 미리 클로로폼으로 씻어 둔 탈지면을 사용하여 여과하고 여과용액을 25 mL 부피플라스크에 옮긴다.

③ 다시 분별깔때기(A)에 클로로폼 10 mL를 넣고 위와 같은 방법으로 시험하여 앞의 25 mL 부피플라스크에 합하고 클로로폼을 넣어 표선까지 채워 이 용액의 일부를 층장 10 mm 흡수셀에 넣어 시료 용액으로 한다.

④ 따로 정제수 50 mL를 취하여 시료의 시험방법에 따라 시험하여 바탕시험 용액으로 한다.

⑤ 바탕시험 용액을 대조액으로 하여 650 nm에서 시료 용액의 흡광도를 측정하고 미리 작성한 검정곡선으로부터 음이온 계면활성제의 양을 구하고 농도(mg/L)를 산출한다.

3) 검정곡선 작성

① 표준용액(10 mg/L) 0~10 mL를 단계적으로 취하여 정제수를 넣어 100 mL로 한다. 단, 표준용액은 바탕용액을 제외하고 3개 이상 제조해야하며 필요에 따라 사용하는

표준용액의 양을 달리 할 수 있다.

② 이하 "2) 분석방법"에 따라 시험하여 음이온 계면활성제의 양과 흡광도와의 검정곡선을 작성한다.

6. 결과보고

검정곡선은 농도에 대한 흡광도로 작성한다. 시료의 농도는 표준용액의 흡광도에 대한 시료의 흡광도를 비교하여 계산한다.

$$\text{음이온계면활성제(mg/L)} = \frac{(y-b)}{a} \times I$$

여기서, y : 시료의 흡광도

b : 검정곡선의 절편

a : 검정곡선의 기울

I : 시료의 희석배수

연습문제

01 다음은 음이온계면활성제(자외선/가시선 분광법) 측정에 관한 내용이다. ( ) 안에 내용으로 옳은 것은?

> 물속에 존재하는 음이온 계면활성제를 측정하기 위하여 ( )와 반응시켜 생성된 청색의 착화합물을 클로로폼으로 추출하여 흡광도를 650 nm에서 측정하는 방법이다.

정답. 메틸렌블루

02 음이온계면활성제(자외선/가시선 분광법) 측정에 관한 설명으로 틀린 것은?

① 지표수, 지하수, 폐수 등에 적용할 수 있으며 정량한계는 0.02 mg/L이다.
② 주로 철, 아연이 함유한 시료인 경우에 간섭현상이 현저하다.
③ 흡광도를 650 nm에서 측정하는 방법이다.
④ 청색의 착화합물을 클로로폼으로 추출한다.

정답. ②

실험 16 페놀류 : 자외선/가시선분광법

1. 실험목적

페놀은 크레졸을 원료로 사용하는 화학공장, 석탄가스 공장이나 아스팔트 포장도로에 흐르는 빗물로부터도 유입될 수 있다. 또한 정수과정에서 페놀을 함유한 하천수를 염소처리할 경우 염소이온과 반응하여 염화페놀이 생성되는데, 이 물질은 페놀보다 독성이 크고 역한 냄새가 나기 때문에 상수도의 수질을 악화시켜 인간에게 직접적인 영향을 줄 수 있다.

페놀은 인체에 흡수될 경우, 소화기계 점막의 염증이나 목통, 구토 등의 증상이 나타난다. 이에 지표수, 지하수, 폐수 등에 포함된 음이온계면활성제를 측정하고자 한다.

2. 실험이론 및 주의사항

① 물속에 존재하는 페놀류를 측정하기 위하여 증류한 시료에 염화암모늄-암모니아 완충용액을 넣어 pH 10으로 조절한 다음 4-아미노안티피린과 헥사시안화철(Ⅱ)산칼륨을 넣어 생성된 붉은색의 안티피린계 색소의 흡광도를 측정하는 방법으로 수용액에서는 510 nm, 클로로폼 용액에서는 460 nm에서 측정한다.

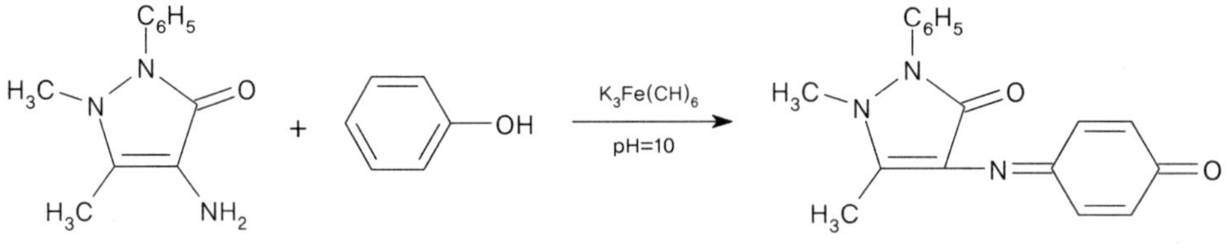

4-아미노안티피린 페놀 안티피린 색소

② 지표수, 지하수, 폐수 등에 적용할 수 있으며, 정량한계는 클로로폼 추출법일 때 0.005 mg/L, 직접측정법일 때 0.05 mg/L 이다.

· 이 시험기준으로는 시료 중의 페놀을 종류별로 구분하여 정량할 수는 없다.

3. 간섭물질

① 황 화합물의 간섭을 받을 수 있는데 이는 인산(H_3PO_4)을 사용하여 pH 4로 산성화하여 교반하면 황화수소(H_2S)나 이산화황(SO_2)으로 제거할 수 있다. 황산구리($CuSO_4$)를 첨가하여 제거할 수도 있다.

② 오일과 타르 성분은 수산화나트륨을 사용하여 시료의 pH를 12～12.5로 조절한 후 클로로폼(50 mL)으로 용매 추출하여 제거할 수 있다. 시료 중에 남아있는 클로로폼은 항온 물중탕으로 가열시켜 제거한다.

4. 분석기기 및 기구

① 그람 냉각기 : 그람 냉각기(graham condenser)란 냉각기의 일종으로 주로 기화된 시료의 냉각 및 액화에 사용된다. 냉각기의 내부에는 나선형으로 된 시료이송 관이 위치하고 있으며, 냉각수는 시료 이송관의 외부로 흐른다.

② 증류장치 : 그람 냉각기(graham condenser)가 부착된 1 L 부피의 유리재질의 증류장치를 사용한다. 다음 그림 1과 같이 할 수 있다.

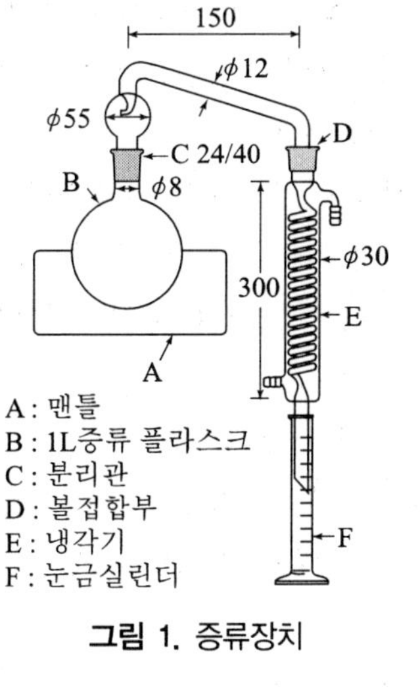

그림 1. 증류장치

5. 시약 및 표준용액

1) 시약

① 메틸오렌지용액(0.1%) : 메틸오렌지 0.1 g을 열수 100 mL에 녹인다. 냉각 후 사용한다.

② 브롬산칼륨-브롬화칼륨 용액(0.1 M) : 브롬산칼륨($KBrO_3$, 분자량: 167.00) 2.784 g과 브롬화칼륨(KBr, 119.0) 10 g을 정제수에 녹여 1 L로 한다.

③ 4-아미노안티피린용액(2%) : 4-아미노안티피린($C_{11}H_{13}N_3O$, 분자량 : 203.24) 2 g을 정제수에 녹여 100 mL로 한다. 사용할 때 조제한다.

④ 인산(1+9) : 진한인산(H_3PO_4, 분자량 : 98.0 함량 : 85%) 10 mL를 정제수에 넣어 100 mL로 한다.

⑤ 염화암모늄-암모니아 완충 용액(pH 10) : 염화암모늄(NH_4Cl, 분자량 : 53.49) 67.6 g을 암모니아수(NH_4OH, 분자량 : 35) 570 mL에 녹인 다음 정제수를 넣어 1 L로 한다. 유리 마개 병에 넣어 냉소에 보관한다.

⑥ 요오드산칼륨 표준용액(0.025 N) (표정용) : 요오드산칼륨(KIO_3, 분자량 : 214.00)를 120~140℃로 2시간 건조하고 냉각한 다음 0.8917 g을 정확히 취하여 정제수에 녹여 1 L로 한다.

⑦ 전분용액(1%) : 가용성 전분 1 g을 정제수 100 mL에 넣은 다음 약하게 가열하여 녹인 다음 방치하여 이 용액의 상층액만을 사용한다. 이 용액은 필요시 제조하여 사용한다.

⑧ 클로로폼($CHCl_3$, 분자량 : 119.38)

⑨ 싸이오황산나트륨용액(0.025 N) : 싸이오황산나트륨($Na_2S_2O_3 \cdot 5H_2O$, 분자량 : 248.17) 6.204g을 정확히 취하여 정제수에 녹여 1 L로 한다.

⑩ 황산구리용액(10%) : 황산구리 · 5수화물($CuSO_4 \cdot 5H_2O$, 분자량 : 250.00) 100 g을 정제수 녹여 1 L로 한다.

⑪ 무수황산나트륨(Na_2SO_4, 분자량 : 142.04)

⑫ 황산암모늄철용액(0.11%) : 진한 황산(H_2SO_4, 분자량 : 98.08) 1 mL가 포함된 정제수 500 mL에 황산암모늄철($Fe(NH_4)_2(SO_4)_2$, 분자량 : 284.00) 1.1 g을 녹인 다음 정제수를 가해 1 L로 한다.

⑬ 헥사시안화철(Ⅲ)산칼륨 용액(9%) : 헥사시안화철(Ⅲ)산칼륨($K_3Fe(CN)_6$, 분자량 : 329.24) 약 9 g을 소량의 정제수를 사용하여 표면을 씻고 정제수에 녹여 100 mL로 한다. 필요하면 여과하고 24시간 안에 사용한다.

2) 표준용액

① 표준원액(1,000 mg/L) : 페놀(C_6H_5OH, 분자량 : 94.11) 1 g을 정제수에 녹여 정확히 1 L로 하고 냉암소에서 보관한다. 표정 절차에 따라 표정하여 정확한 농도를 구한다.

> **표정**
>
> ① 절차는 500 mL 삼각 플라스크에 정제수를 100 mL 넣은 다음 페놀 원액 50 mL를 첨가한다.
>
> ② 전분 용액을 지시약으로 하여 유리한 요오드를 싸이오황산나트륨용액(0.025 N)으로 적정한다.
>
> ③ 용액의 황색이 엷어지면 전분 용액을 첨가한 다음 청색이 없어질 때까지 적정한다.
>
> ④ 한편 정제수와 브롬산칼륨-브롬화칼륨용액 10 mL를 이용하여 바탕시험을 한다.
>
> ⑤ 다음 식에 따라 페놀의 농도(mg/L)를 산출한다. 표정은 표준용액 제조 시 마다 실시한다.
>
> $$\text{페놀함량(mg/L)} = (2A - B) \times 7.835$$
>
> 여기서, A : 바탕시험에 소모된 싸이오황산나트륨(0.025 N)의 부피(mL)
> B : 적정에 소모된 싸이오황산나트륨(0.025 N)의 부피(mL)

② 표준용액(10 mg/L) : 페놀 10 mg에 대응하는 페놀 표준원액의 부피(약 10 mL)를 정확히 취하고 정제수를 넣어 1 L로 한다. 사용할 때마다 조제한다.

③ 표준용액(1 mg/L) : 페놀 표준용액(10 mg/L) 10 mL를 정확히 취하여 정제수를 넣어 100 mL로 한다. 사용할 때 조제한다.

6. 분석절차

1) 전처리

① 시료 250 mL를 500 mL 증류플라스크에 넣고 메틸오렌지용액(0.1 W/V%) 수 방울을 넣고 인산(1+9)을 넣어 pH를 약 4 로 조절하고 황산구리용액 2.5 mL를 넣는다.

② 증류플라스크를 증류장치의 냉각관과 연결하여 250 mL 부피실린더를 수집기로 사용한다.

③ 증류를 행하고 증류액이 225 mL가 되었을 때 가열을 중지하고 증류플라스크에 정제

수 25 mL를 넣어 다시 증류를 하여 전 증류액이 250 mL가 되었을 때 증류를 끝낸다.

④ 증류액이 백탁할 경우, 증류조작을 반복하여 재증류 한다.

2) 분석방법

2)-1. 추출법(페놀함량 0.05 mg 이하)

① 시료(또는 전처리한 시료) 100 mL를 정확히 취하여 250 mL 분별깔때기에 넣고 염화암모늄-암모니아완충액(pH 10.0) 3.0 mL를 넣어 섞고 pH를 9.8～10.2로 조절한다.

② 4-아미노안티피린용액(2 W/V%) 2.0 mL를 넣어 흔들어 섞고 헥사시안화철(Ⅱ)산칼륨 2.0 mL를 넣어 흔들어 섞은 다음 3분간 방치한다.

③ 클로로폼 10 mL를 정확히 넣어 1분 이상 세게 흔들어 섞어 정치하고 클로로폼층에 무수황산나트륨 약 1 g을 넣어 탈수시킨다.

④ 이 용액을 10 mm 셀에 옮겨서 시료용액으로 한다.

⑤ 따로 정제수 100 mL를 취하여 시료의 시험방법에 따라 시험하여 바탕시험용액으로 한다.

⑥ 바탕시험용액을 대조액으로 하여 460 nm에서 시료 용액의 흡광도를 구하고 미리 작성한 검정곡선으로 페놀의 양을 구하여 농도를 계산한다.

2)-2. 직접 측정법 페놀함량(페놀농도 0.05 mg/L～0.5 mg/L)

① 시료(또는 전처리한 시료) 100 mL를 정확히 취하여 플라스크 또는 비색관에 넣고 염화암모늄-암모니아완충액(pH 10.0) 3.0 mL를 넣어 pH 9.8～10.2로 조절한다.

② 4-아미노안티피린용액(2 W/V%) 2.0 mL를 넣어 흔들어 섞고 헥사시안화철(Ⅱ)산칼륨 2.0 mL를 넣어 흔들어 섞은 다음 3분간 방치한다.

③ 이 용액을 일부를 층장 10 mm 흡수셀에 옮겨 시료용액으로 한다.

④ 따로 정제수 100 mL를 취하여 시료의 시험방법에 따라 시험하여 바탕시험용액으로 한다.

⑤ 바탕시험용액을 대조액으로 하여 510 nm에서 시료 용액의 흡광도를 구하고 미리 작성한 검정곡선으로 페놀의 양을 구하여 농도를 계산한다.

· 페놀류의 농도가 5 mg/L 이상일 경우에는 시료를 적당량 취하여 물을 넣어 250 mL로 하며, 0.025 mg/L 이하인 경우에는 시료 500 mL를 취하여 1 L 증류플라스크에 넣고 황산구리 용액 5 mL를 넣어 증류하여 유출액 500 mL를 받는다. 이 유출액 전량을 1 L 분별깔때

기에 넣고 추출법에 따라 시험한다. 단 이때 넣어주는 각 시약은 완충액 10 mL, 4-아미노안티피린 용액 3 mL, 헥사시안화철(Ⅱ)산칼륨 3 mL로 한다.

2)-3. 검정곡선의 작성

① 추출법의 경우 페놀 표준용액(1 mg/L)를 0 mL, 2.5~50 mL를 단계적으로 취하여 250 mL 분별깔때기에 각각 넣고 약 100 mL씩으로 한다.

② 직접 측정법의 경우 페놀 표준용액(10 mg/L)를 0 mL, 5~50 mL를 단계적으로 취하여 정제수를 넣어 100 mL가 되게 희석한다. 단, 표준용액은 바탕용액을 제외하고 3개 이상 제조해야 하며 필요에 따라 사용하는 표준용액의 양을 달리 할 수 있다.

③ 단계적으로 제조한 검정곡선용 표준용액을 "2) 분석방법"에 따라 실행한다.

④ 각 표준물질에 해당하는 흡광도를 측정하여 페놀의 농도와 흡광도와의 관계선을 작성한다.

7. 결과보고

시료의 농도는 표준용액의 흡광도에 대한 시료의 흡광도를 비교하여 농도를 계산한다.

$$\text{페놀류(mg/L)} = \frac{(y-b)}{a} \times I$$

여기서, y : 시료의 흡광도

b : 검정곡선의 절편

a : 검정곡선의 기울기

I : 시료의 희석배수

연습문제

01 다음은 자외선/가시선 분광법에 의한 페놀류 측정에 관한 설명이다. ( )안에 옳은 내용은?

> 물속에 존재하는 페놀류를 측정하기 위하여 증류한 시료에 염화암모늄-암모니아 완충용액을 넣어 ( )으로 조절한 다음 4-아미노안티피린과 ( )을 넣어 생성된 안티피린계 흡광도를 측정하는 방법이다.

정답. pH 10, 헥사시안화철(II)산 칼륨

02 자외선/가시선 분광법을 적용한 페놀류 측정에 관한 내용으로 옳지 않은 것은?

① 붉은 색의 안티피린계 색소의 흡광도를 측정한다.
② 수용액에서는 510 nm, 클로로폼용액에서는 460 nm에서 측정한다.
③ 정량한계는 클로로폼 추출법일 때 0.05 mg, 직접법일 때 0.5 mg이다.
④ 시료 중의 페놀을 종류별로 구분하여 정량할 수 없다.

정답. ③ 정량한계는 클로로폼 추출법일 때 0.005 mg/L, 직접측정법일 때 0.05 mg/L이다.

03 자외선/가시선 분광법으로 페놀류를 측정할 때 간섭물질인 시료 내 오일과 타르 성분의 제거방법으로 옳은 것은?

수산화나트륨을 사용하여 시료의 pH 12~12.5로 조절한 후 클로로폼으로 용매 추출하여 제거한다.

04 페놀류 분석용 시료에 산화제가 공존할 경우 시료 보존방법으로 옳은 것은?

채수 즉시 황산암모늄철 용액을 첨가한다.

05 다음은 자외선/가시선 분광법을 적용하여 페놀류를 측정할 때 간섭물질에 관한 설명이다. (　　)안에 옳은 내용은?

> 황 화합물의 간섭을 받을 수 있는데 이는 (　　　)을 사용하여 pH 4로 산성화하여 교반하면 황화수소, 이산화황으로 제거할 수 있다.

정답. 인산

실험 17 철

1. 실험목적

철이 많은 물은 불결한 외관(혼탁, 적수)과 이취미를 유발하며, 식기와 세탁물을 더럽힌다. 또한 철박테리아의 번식을 초래하고 관 내면에 부착하여 통수능력을 저하하기도 하고 수질을 악화시킨다. 지표수, 지하수, 폐수 등에 포함된 철을 측정하고자 한다.
철은 원자번호 26번이며 지각 중에서 두 번째로 많은 원소로 약 5% 존재한다. 환경 중에는 지표수에 1.5 mg/L 이하, 하천수에서 0.67 mg/L, 빗물에는 0.23 mg/L 존재한다. 철은 물속에서 용해성 철 (Fe^{2+})로 존재하는 경우는 거의 없으며 $Fe(OH)_3$ 형태로 현탁되어 있다. 점토 등 유기물이 많은 물속에서는 휴민산염 등의 콜로이드성 유기착화합물로 존재한다. 철은 묽은 질산, 염산, 황산에는 쉽게 녹는다.

17-1 철 : 원자흡수분광광도법

1. 실험이론 및 주의사항

① 시료를 산분해법, 용매추출법으로 전처리 후 시료를 직접 불꽃으로 주입하여 원자화한 후 원자흡수분광광도법에 따라 측정하는 방법이다.

② 철에 대한 양·음이온의 간섭은 거의 없고, 공기·아세틸렌을 사용하는 경우는 규소가 유일한 방해 원소이다. 단 이 방해는 칼슘 혹은 마그네슘 등의 첨가로 억제될 수 있다. 예로 철이 2 mg/L, 이산화규소가 200 mg/L 일 때 칼슘은 200 mg/L, 마그네슘은 150 mg/L 첨가하면 유효하다.

② 지표수, 지하수, 폐수 등에 적용할 수 있으며, 정량한계는 0.03 mg/L 이다.

2. 시약 및 표준용액

1) 시약

① 암모니아수(NH_4OH, 분자량 : 35.05)
② 염산(HCl, 분자량 : 36.46, 비중 : 1.18, 함량 : 36.5%~38%)
③ 염산(1+1) : 염산 100 mL를 정제수 100 mL에 첨가하여 200 mL로 만든다.
④ 염산(1+4) : 염산 200 mL에 정제수 800 mL를 첨가한 후 정제수를 넣어 1 L로 만든다.
⑤ 질산(HNO_3, 분자량 : 63.01, 비중 : 1.42, 함량 : 70%)
⑥ 질산(1+1) : 질산 100 mL를 정제수 100 mL에 첨가하여 200 mL로 만든다.
⑦ 질산(1+9) : 질산 100 mL를 정제수 900 mL에 첨가하여 1 L로 만든다.
⑧ 타타르산(tartaric acid, $C_4H_6O_6$, 분자량 : 150.09)

철의 함유량이 미량인 시료의 경우

① 암모니아수(1+1) : 암모니아수(NH_4OH, 분자량 : 35.05 , 함량 28% 이상) 50 mL를 정제수 50 mL에 희석시킨다.
② 염산(1+1) : 정제수 50 mL에 염산(HCl, 분자량 : 36.46, 함량 : 36.5%~38%) 50 mL를 희석시킨다.
③ 질산 : 진한질산(HNO_3, 분자량 : 63.01, 함량 : 70%)을 사용하여 바탕시험결과 금속류가 검출되어서는 안 된다.

2) 표준용액

① 철 표준원액(1,000 mg/L) : 금속 철(순도 99.99%이상) 1 g을 정확히 달아 염산(1+1) 10 mL와 질산 3 mL에 녹인다. 다시 질산 5 mL를 가해 1 L 부피플라스크에 넣어 정제수로 표선까지 채운다.
② 철 표준용액(30 mg/L) : 철 표준원액(1,000 mg/L) 3.0 mL를 정확히 취하여 100 mL 부피플라스크에 넣고 진한질산 약 3 mL 넣어 정제수를 표선까지 채운다. 이 용액은 사용 시 항상 새로 조제한다.

3. 분석절차

1) 전처리

1)-1. "4장. 시료의 전처리방법"에 따른다.

· 시료가 유기물질을 함유하지 않은 경우에는 시료적당량을 취해 염산(1+2)을 가하여 침전을 녹인 다음 온수로 씻은 액을 합하여 가열 후 방냉하여 본 시료로 사용한다.
그런데 시료가 탁하거나 유기물이 공존하면 산화가 늦어질 염려가 있으므로 습식법 등으로 전처리를 하고 질산으로 산화한 후 암모니아수(1+1)을 넣어 수산화 제2철로 침전물을 만들고 철의 손실을 방지하기 위하여 황산 알루미늄 칼륨을 넣고 수분간 끓인다.

1)-2. 철 함유량이 미량인 시료

① 시료 100 mL를 취하여 질산 2 mL를 넣고 끓인 다음 암모니아수(1+1)를 넣어 약알칼리성으로 하고 수분간 계속 끓여서 침전을 생성시키고 정치한다.
② 침전을 여과하여 온수로 수회 씻은 다음 침전을 원래 비커에 소량의 정제수로 씻어서 넣고 염산(1+1) 4 mL를 넣고 가열하여 녹인다.
③ 이 용액을 앞의 거름종이를 사용하여 여과하면서 거름종이에 남아 있는 수산화제이철을 녹이고 온수로 거름종이를 씻어준 다음 여액과 씻은 액을 합하여 일정량으로 한다.

1)-3. 용해성 철

시료채취 즉시 여과하고 여액을 "1)-1, -2"에 따라 전처리하여 시료용액으로 한다.

2) 분석방법

① 분석하고자 하는 원소의 속빈음극램프를 설치하고 프로그램 상에서 분석파장을 선택한 후 슬릿 나비를 설정한다.
② 기기를 가동하여 속빈 음극램프에 전류가 흐르게 하고 에너지 레벨이 안정될 때까지 10분~20분간 예열한다.
③ 최적 에너지 값(gain)을 얻도록 선택파장을 최적화한다.
④ 버너헤드를 설치하고 위치를 조정한다.
⑤ 공기와 아세틸렌을 공급하면서 불꽃을 발생시키고, 최대 감도를 얻도록 유량을 조절한다.
⑥ 바탕시료를 주입하여 영점조정을 하고, 시료 분석을 수행한다.

3) 검정곡선의 작성

3)-1. 검정곡선법

① 항목별 표준용액을 시료의 농도에 따라 0~25 mL 범위 내에서 100 mL 부피플라스크에 단계적으로 취한다.

② 여기에 시료 용액과 동일한 조건이 되도록 산을 가한 후 정제수를 표선까지 채운다. 이 용액에 대해 표준용액의 농도와 흡광도에 대한 검정곡선을 작성한다.

③ 정제수를 취하여 표준용액과 유사한 용매 조건이 되도록 정제수에 산을 가하여 조제한다. 이 용액에 대해 흡광도를 측정하여, 표준용액에 대해 얻은 흡광도를 보정하고 분석항목 각각의 농도와 흡광도와의 관계로부터 검정곡선을 작성한다.

3)-2. 표준물질첨가법

① 시료 적당량(75 mL 미만)을 3~5개의 100 mL 부피플라스크에 동일한 양을 첨가한다.

② 항목별 표준용액을 시료의 농도에 따라 0 mL부터 순차적으로 25 mL까지 시료가 들어있는 부피플라스크에 단계적으로 첨가하고 정제수로 표선까지 채운다.

③ 작성된 관계식으로부터 관계식의 기울기와 절편을 구하고 "4.의 2)"의 계산식에 따라 농도를 구한다.

4. 결과보고

1) 검정곡선법

$$농도(mg/L) = \frac{(y-b)}{a} \qquad (식\ 1)$$

여기서, y : 시료의 흡광도
b : 검정곡선의 절편
a : 검정곡선의 기울기

2) 표준물질첨가법

$$농도(mg/L) = \frac{(y-b)}{a} \qquad (식\ 2)$$

여기서, y : 표준물질이 첨가되지 않은 시료의 흡광도
b : 표준물질 첨가에 따른 관계식의 절편
a : 표준물질 첨가에 따른 관계식의 기울기

17-2 철 : 자외선/가시선분광법

1. 실험이론 및 주의사항

① 물속에 존재하는 철 이온을 수산화제이철로 침전분리하고 염산하이드록실아민으로 제일철로 환원한 다음, *o*-페난트로린을 넣어 약산성에서 나타나는 등적색 철착염의 흡광도를 510 nm에서 측정하는 방법이다.

$$Fe(OH)_3 \xrightarrow{\text{하이드록실아민}} Fe(OH)_2 \xrightarrow{\text{1,10-phenanthroline}} [Fe(Phen)_3]^{2+}$$

② 지표수, 지하수, 폐수 등에 적용할 수 있으며, 정량한계는 0.08 mg/L 이다.

2. 시약 및 표준용액

1) 시약

① 아세트산암모늄용액(50%) : 아세트산암모늄 · 3수화물($CH_3COONH_4 \cdot 3H_2O$, 분자량 : 131.13) 50 g을 정제수에 녹여 100 mL로 한다.

② 염산하이드록실아민(20%) : 염산하이드록실아민($NH_2OH \cdot HCl$, 분자량: 69.49) 20 g을 정제수에 녹여 100 mL로 한다.

③ *o*-페난트로린용액(0.1%) : *o*-페난트로린 · 2염산염(1,10-phenanthroline dihydrogen chloride, $C_{12}H_8N_2 \cdot 2HCl$, 분자량 : 253.13) 0.12 g을 정제수 100 mL에 넣고 80℃로 가열하여 녹인다.

2) 표준용액

① 철 표준원액(100 mg/L) : 금속 철(순도 99.9% 이상) 0.1 g을 정확히 달아 염산(1+1) 10 mL과 질산 3 mL에 녹인다. 다시 질산 5 mL를 가해 1 L 부피플라스크에 넣어 정제수로 표선까지 채운다.

② 철 표준용액(10 mg/L) : 철 표준원액 10 mL를 정확히 취하여 100 mL 부피플라스크에 넣고, 정제수를 가하여 표선까지 채운다. 이 용액은 항상 사용 시에 새로 조제한다.

3. 분석절차

1) 전처리

1)–1. "2부 4장. 시료의 전처리방법"에 따른다.

1)–2. 용해성 철 : 시료채취 즉시 여과하고 여액을 "3의 2)①"에 따라 전처리 한다.

2) 분석방법

① 전처리한 시료 적당량(철로서 0.5 mg 이하 함유)을 비커에 넣고 질산(1+1) 2 mL를 넣어 끓인다.

② 정제수를 넣어 50～100 mL로 하고 암모니아수(1+1)를 넣어 약알칼리성으로 한 다음 수분간 끓여 침전을 생성시킨다. 잠시 동안 방치하고 거른 다음 온수로 침전을 씻는다.

③ 침전을 원래 비커에 옮기고 염산(1+2) 6 mL를 넣어 가열하여 녹인다. 이 용액을 처음의 거름종이로 걸러내어 거름종이에 붙어 있는 수산화제이철을 녹여내고 온수로 수회 씻어서 여과액과 씻은 액을 100 mL 부피플라스크에 옮긴다. 정제수를 넣어 액량을 약 70 mL로 하고 염산하이드록실아민용액(20%) 1 mL를 넣어 흔들어 섞는다.

④ *o*-페난트로린용액(0.1%) 5 mL를 넣어 흔들어 섞고 아세트산암모늄용액(50%) 10 mL를 넣어 흔들어 섞은 다음 실온까지 식힌다. 정제수를 넣어 표선까지 채워 흔들어 섞은 다음 20분간 방치하여 시료 용액으로 한다.

· 발색의 최적범위는 pH 3~5이다.

⑤ 따로 정제수 50 mL를 취하여 시료의 시험방법에 따라 시험하여 바탕시험액으로 한다. 바탕시험액을 대조액으로 하여 층장 10 mm 흡수셀에 옮겨 510 nm에서 시료 용액의 흡광도를 측정하고 미리 작성한 검정곡선으로 부터 철의 양을 구하고 농도(mg/L)를 산출한다.

3) 검정곡선의 작성

① 철 표준용액(10 mg/L) 0 mL, 2～50 mL를 단계적으로 취하여 100 mL 부피플라스크에 염산(1+2) 6 mL 넣어 제조한다.

② 단계적으로 제조한 검정곡선용 표준용액을 7.2(3) 정제수를 넣어 "70 mL로 하고…"에 따라 시험한다.

③ 각 표준용액의 농도에 해당하는 흡광도를 측정하고 각각 표준용액 농도와 흡광도 간의 관계식을 작성한다.

4. 결과보고

검정곡선은 농도에 대한 흡광도 높이로 작성한다. 시료의 농도는 표준용액의 흡광도 높이에 대한 시료의 흡광도 높이를 비교하여 계산한다.

$$\text{농도(mg/L)} = \frac{(y-b)}{a}$$

여기서, y : 시료의 흡광도

b : 검정곡선의 절편

a : 검정곡선의 기울기

연습문제

01 다음은 자외선/가시선 분광법에 의한 철 측정에 관한 설명이다. (　)안에 옳은 내용은?

> 물속에 존재하는 철 이온을 수산화제이철로 침전분리하고 염산하이드록실아민으로 제일철로 환원한 다음, *o*-페난트로린을 넣어 약산성에서 나타나는 (　　)색 철착염의 흡광도를 510 nm에서 측정하는 방법이다.

정답. 등적

02 자외선/가시선 분광법을 이용한 철의 정량에 관한 내용 중 알맞지 않은 것은?

① 등적색 철착염의 흡광도를 측정하여 정량한다.
② 측정파장은 510 nm이고, 정량한계는 0.08 mg/L 이다.
③ 염산하이드록실아민에 의해 산화제이철로 산화된다.
④ 철이온을 수산화제이철로 침전분리한다.

정답. ③ 염산하이드록실아민에 의해 제일철로 환원된다.

실험 18 6가 크롬

1. 실험목적

크롬은 +3가와 +6가로 주로 존재하는데 +6가가 독성이 강하다. 6가 크롬은 피부에 궤양을 일으키고 위장 장애 등이 알려져 있으며 발암물질로 의심되고 있다. 지표수, 지하수, 폐수 등에 포함된 구리를 측정하고자 한다.
크롬은 폐수로부터 수중에 유입될 수 있다. 크롬은 염산이나 황산에는 수소를 발생하며 녹지만 진한 질산이나 왕수 등 산화력을 가지는 산에는 녹지 않고, 또 이들 산에 담가 둔 것은 표면에 부동태를 만들어 보통의 산에도 녹지 않는다.
6가 크롬은 크롬산 또는 다이크롬산 이온으로 존재하는데, 환원되기 쉬우므로 시료 채취 후 재빨리 시험한다.

18-1 6가 크롬 : 원자흡수분광광도법

1. 실험이론 및 주의사항

① 6가 크롬을 피로리딘 다이싸이오카르바민산 착물로 만들어 메틸아이소부틸케톤으로 추출한 다음 원자흡수분광광도계로 흡광도를 측정하여 6가 크롬의 농도를 구하는 것이 목적이다.

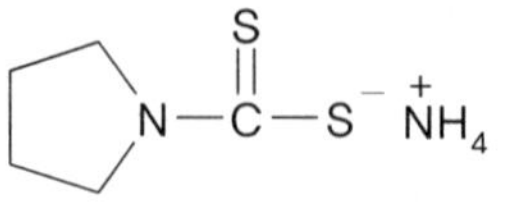

1-Pyrrolidine carbodithioic acid, ammonium salt

② 최종 분석시료는 불꽃에 분무하여 원자화되는 크롬 원소가 그 원자증기층을 투과하는 빛을 흡수하는 흡수 정도를 시료에 포함된 크롬의 농도로 환산한다.

③ 지표수, 지하수, 폐수 등에 적용할 수 있으며, 정량한계는 0.01 mg/L이다.

④ 폐수에 반응성이 큰 다른 금속 이온이 존재할 경우 방해 영향이 크므로, 이 경우는 황산나트륨 1%를 첨가하여 측정한다. 일반적으로 표층수에 존재하는 원소의 방해 영향은 무시할 수 있다.

2. 시약 및 표준용액

1) 시약

① 과망간산칼륨용액(0.02 M) : 과망간산칼륨($KMnO_4$, 분자량 : 158.03) 0.32 g을 정제수에 녹여 100 mL로 한다.

② 메틸아이소부틸케톤(MIBK)($C_6H_{12}O$, 분자량 : 100.16)

③ 브로모페놀블루용액 : 브로모페놀블루 0.1 g을 50% 에틸알코올에 녹여 100 mL로 한다.

④ 수산화나트륨용액(1 M) : 수산화나트륨(NaOH, 분자량 : 40.00) 40 g을 정제수에 녹여 1 L로 한다.

⑤ 아자이드나트륨용액(0.1%) : 아자이드화나트륨(NaN_3, 분자량 : 65.01) 0.1 g을 정제수에 녹여 100 mL로 한다

⑥ 피로리딘 다이싸이오카바민산암모늄용액 : 1-pyrrolidine carbodithioic acid, ammonuim salt ($C_5H_{12}N_2S_2$, 분자량 : 164.30, 원자흡수분광용) 1.0 g을 정제수에 녹여 100 mL로 한다. 이 용액은 사용직전에 조제한다.

⑦ 황산용액(0.12 M) : 황산(H_2SO_4, 분자량 : 98.08) 6.5 mL를 천천히 정제수에 녹여 1 L로 한다.

2) 표준용액

① 크롬표준원액(1,000 mg/L) : 다이크롬산칼륨($K_2Cr_2O_7$, 분자량 : 294.18) 0.283 g을 100 mL 부피플라스크에 넣고 약간의 정제수를 넣은 다음 진한질산 1 mL를 가해 완전히 녹여준 후 정제수로 표선까지 맞추어 제조하여 사용한다.

② 6가 크롬 표준원액(100 mg/L) : 다이크롬산칼륨 표준원액(1,000 mg/L) 10 mL를 100 mL 부피플라스크에 취한 후 정제수로 표선까지 정확히 맞춘다.

③ 6가 크롬 표준용액(10 mg/L) : 다이크롬산칼륨 표준용액(100 mg/L) 10 mL를 100 mL 부피플라스크에 취한 후 정제수로 표선까지 정확히 맞춘다.

3. 분석절차

1) 전처리

시료 중 유기물 및 현탁물질이 많을 경우는 시료의 전처리 방법(2부-4장. 시료의 전처리 방법)에 따라 시험한다. 다만 시료는 0.1 N~1 N 질산 또는 염산산성용액으로 한다.

2) 분석방법

① 2.5 μg 이하의 크롬을 포함하는 부피(최대 100 mL)의 시료를 200 mL 부피플라스크에 취하여 약 100 mL로 한다.

② 일련의 6가 크롬 표준용액을 200 mL 부피플라스크에 각각 취한 후 정제수를 넣어 약 100 mL로 제조한다.

③ 2.0 mL의 수산화나트륨용액과 2방울의 브로모페놀블루용액을 첨가한다. 시료와 표준용액의 색이 노란색이면 파란색으로 변할 때까지 수산화나트륨용액(1 M)을 한 방울씩 가한다.

④ 시료와 표준용액의 파란색이 없어질 때까지 황산용액(0.12 M)을 한 방울씩 가한다. 그리고 2.0 mL의 황산용액(0.12 M)을 부가적으로 가한다. 이때의 pH는 2.4가 된다.

⑤ 5.0 mL의 피로리딘 다이싸이오카바민산암모늄 용액을 첨가하여 잘 혼합한다. 이 때의 pH는 약 2.8이 된다.

⑥ 10.0 mL의 메틸아이소부티케톤용액을 첨가하여 약 3분 동안 충분히 흔들어 혼합한다.

⑦ 수용액 층과 메틸아이소부티케톤 층이 잘 분리가 될 때까지 기다린다. 정제수를 첨가하여 메틸아이소부티케층을 플라스크의 위로 유도할 수도 있다.

⑧ 메틸아이소부티케톤층을 분석시료로 하여 원자흡수분광도계에 흡인하여 표준용액과 시료의 흡광도를 측정한다.

3) 검정곡선의 작성

① 6가 크롬표준용액(10 mg/L) 0 mL, 2~50 mL를 100 mL 부피플라스크에 단계적으로 넣고 정제수를 넣어 100 mL로 한다.

② 시료의 시험방법에 따라 시험하여 6가 크롬의 농도와 흡광도의 관계선을 작성한다.

③ 검정곡선은 새로운 분석 때마다 작성한다.

4. 결과보고

검정곡선은 농도에 대한 흡광도 높이로 작성한다. 시료의 농도는 표준용액의 흡광도 높이에 대한 시료의 흡광도 높이를 비교하여 계산한다.

$$농도(mg/L) = \frac{(y-b)}{a}$$

여기서, y : 시료의 흡광도
b : 검정곡선의 절편
a : 검정곡선의 기울기

18-2 6가 크롬 : 자외선/가시선분광법

1. 실험이론 및 주의사항

① 산성 용액에서 다이페닐카바자이드와 반응하여 생성하는 적자색 착화합물의 흡광도를 540 nm에서 측정한다.

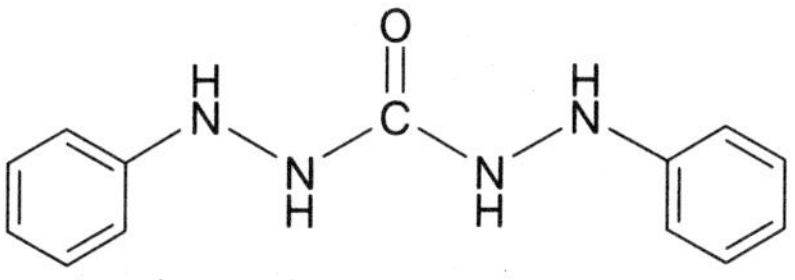

Diphenylcarbazaide

· 약한 산성으로 Hg^{2+}, Cu^{2+} Cd^{2+} 등과 착색킬레이트를 생성하고, 또 4면체 크로뮴산이온 CrO_4^{2-}과 예민하게 반응하여 적자색을 나타낸다.

② 지표수, 지하수, 폐수 등에 적용할 수 있으며, 정량한계는 0.040 mg/L이다.
③ 몰리브덴(Mo), 수은(Hg), 바나듐(V), 철(Fe), 구리(Cu) 이온이 과량 함유되어 있을 경우 방해 영향이 나타날 수 있다.

2. 시약 및 표준용액

1) 시약

① 다이페닐카바자이드용액 : 다이페닐카바자이드(1,5-diphenylcarbazide, $C_{13}H_{14}N_4O$, 분자량 : 242.28) 0.250 g을 50 mL의 아세톤에 녹인다. 이 용액은 갈색병에 보관하여야 하며, 색이 변하면 새로 제조하여야 한다.

② 황산(1+9) : 정제수 10 mL에 황산(H_2SO_4, 분자량 : 98.08) 90 mL를 교반하면서 천천히 넣어 식힌다.

2) 표준용액

① 크롬표준원액(1,000 mg/L) : 다이크롬산칼륨($K_2Cr_2O_7$, 분자량 : 294.18) 0.283 g을 100 mL 부피플라스크에 넣고 약간의 정제수를 넣은 다음 진한질산 1 mL를 가해 완전히 녹여준 후 정제수로 표선까지 맞추어 제조하여 사용한다.

② 6가 크롬 표준원액(100 mg/L) : 다이크롬산칼륨 표준원액(1,000 mg/L) 10 mL를 100 mL 부피플라스크에 취한 후 정제수로 표선까지 정확히 맞춘다.

③ 6가 크롬 표준원액(2 mg/L) : 다이크롬산칼륨 표준원액(100 mg/L) 2 mL를 100 mL 부피플라스크에 취한 후 정제수로 표선까지 정확히 맞춘다.

3. 분석절차

1) 전처리

시료 채취 즉시 0.45 μm 막거름(멤브레인 필터)을 사용하여 거른 후, 24시간 이내에 분석한다.

2) 분석방법

① 100 mL 부피플라스크에 걸러낸 시료 적당량(6가 크롬으로 0.05 mg 이하를 함유)을 취하고 정제수로 약 90 mL까지 채운 다음, 황산(1+9) 3 mL 첨가하여 혼합한다.

② 다이페닐카바자이드용액 2 mL과 정제수로 100 mL 표선까지 채운 후 흔들어 섞고 약 5분간 방치하여 발색시킨다.

③ 이 용액의 일부를 1 cm 흡수셀에 옮겨 540 nm의 파장에서 흡광도를 측정한다.

3) 검정곡선의 작성

① 6가 크롬 표준용액(2.0 mg/L) 2～20 mL를 100 mL 부피플라스크에 단계적으로 넣는다.

② 시료의 시험방법에 따라 시험하여 6가 크롬의 농도와 흡광도의 관계선을 작성한다.

③ 검정곡선은 새로운 분석 때마다 작성한다.

4. 결과보고

검정곡선은 농도에 대한 흡광도 높이로 작성한다. 시료의 농도는 표준용액의 흡광도 높이에 대한 시료의 흡광도 높이를 비교하여 계산한다.

$$\text{농도(mg/L)} = \frac{(y-b)}{a}$$

여기서, y : 시료의 흡광도

b : 검정곡선의 절편

a : 검정곡선의 기울기

연습문제

01 다음은 자외선/가시선 분광법에 의한 6가크롬 측정에 관한 설명이다. ( )안에 옳은 내용은?

> 산성 용액에서 다이페닐카바자이드와 반응하여 생성하는 ( ) 착화합물의 흡광도를 ( ) nm에서 측정한다.

정답. 적자색, 540

02 자외선/가시선으로 크롬 측정시 개요에 관한 내용으로 옳지 않은 것은?

① 3가 크롬은 과망간산칼륨을 첨가하여 6가 크롬으로 산화시킨다.
② 정량한계는 0.04 mg/L이다.
③ 적자색 착화물의 흡광도를 620 nm에서 측정한다.
④ 몰리브덴, 수은, 바나듐, 철, 구리 이온이 과량 함유되어 있는 경우 방해 영향이 나타날 수 있다.

정답. ③

수질오염공정시험 항목별 시험방법 개요

항목	시험방법	정량한계(mg/L)
노말헥산 추출물질	활성규산마그네슘(플로리실) 컬럼 이용	0.5
부유물질	유리섬유여과지 이용	2 mg 이상
색도	색도계 이용	
생물화학적 산소요구량	BOD_5 측정	
수소이온농도	pH 미터 이용	
용존산소	적정법 전극법	0.1 0.5
잔류염소	비색법 적정법	0.05 2
전기전도도	전기전도도 측정계 이용	
총 유기탄소	고온연소산화법 과황산 UV 및 과황산 열 산화법	0.3 0.3
클로로필 a	흡광도 측정	
탁도	탁도계 이용	
투명도	지름 30 cm 투명도판(백색원판) 이용	
화학적 산소요구량	적정법-산성과망간산칼륨법 적정법-알칼리성과망간산칼륨법 적정법-다이크롬산칼륨법	
음이온류		
불소화합물	자외선/가시선분광법 이온전극법 이온크로마토그래피	0.15 0.10 0.05
브롬이온	이온크로마토그래피	0.03
시안	자외선/가시선분광법 이온전극법 연속흐름법	0.01 0.10 0.01
아질산성 질소	자외선/가시선분광법 이온크로마토그래피	0.004 0.1
암모니아성 질소	자외선/가시선분광법 이온전극법 적정법	0.01 0.08 1.0
염소 이온	이온크로마토그래피 이온적극법 적정법	0.10 0.70 5.0

항목	시험방법	정량한계(mg/L)
용존 총인	아스코르빈산환원 흡광도법	0.06
용존 총질소	자외선 흡광도법	0.01
음이온계면활성제	자외선/가시선분광법 연속흐름법	0.02 0.09
인산염인	자외선/가시선분광법-이염화주석환원법 자외선/가시선분광법-아스코르빈산환원법 이온크로마토그래피	0.003 0.003 0.1
질산성 질소	이온크로마토그래피 자외선/가시선분광법-브루신법 자외선/가시선분광법-활성탄흡착법 데발다합금 환원증류법-중화적정법 데발다합금 환원증류법-분광법	0.1 0.1 0.3 0.5 0.1
총인	자외선/가시선분광법 연속흐름법	0.005 0.003
총질소	자외선/가시선분광법-산화법 자외선/가시선분광법-카드뮴 · 구리 환원법 자외선/가시선분광법-환원증류 · 킬달법 연속흐름법	0.1 0.004 0.02 0.06
퍼클로레이트	액체크로마토그래피-질량분석법 이온크로마토그래피	0.002 0.002
페놀류	자외선/가시선분광법-추출법 자외선/가시선분광법-직접법 연속흐름법	0.005 0.05 0.007
황산이온	이온크로마토그래피	0.5
금속류		
구리	원자흡수분광광도법 자외선/가시선분광법 유도결합플라스마-원자발광분광법 유도결합플라스마-질량분석법	0.008 0.01 0.006 0.002
납	원자흡수분광광도법 자외선/가시선분광법 유도결합플라스마-원자발광분광법 유도결합플라스마-질량분석법 양극벗김전압전류법	0.04 0.004 0.04 0.002 0.0001
니켈	원자흡수분광광도법 자외선/가시선분광법 유도결합플라스마-원자발광분광법 유도결합플라스마-질량분석법	0.01 0.008 0.015 0.002

항목	시험방법	정량한계(mg/L)
망간	원자흡수분광광도법 자외선/가시선분광법 유도결합플라스마-원자발광분광법 유도결합플라스마-질량분석법	0.005 0.2 0.002 0.0005
바륨	원자흡수분광광도법 유도결합플라스마-원자발광분광법 유도결합플라스마-질량분석법	0.1 0.003 0.003
비소	원자흡수분광광도법 자외선/가시선분광법 유도결합플라스마-원자발광분광법 유도결합플라스마-질량분석법 양극벗김전압전류법	0.005 0.004 0.05 0.006 0.003
셀레늄	수소화물생성-원자흡수분광광도법 유도결합플라스마-질량분석법	0.005 0.03
수은	냉증기-원자흡수분광광도법 자외선/가시선분광법 양극벗김전압전류법 냉증기-원자형광법	0.0005 0.003 0.0001 0.0005
아연	원자흡수분광광도법 자외선/가시선분광법 유도결합플라스마-원자발광분광법 유도결합플라스마-질량분석법 양극벗김전압전류법	0.002 0.01 0.002 0.006 0.0001
안티몬	유도결합플라스마-원자발광분광법 유도결합플라스마-질량분석법	0.02 0.0004
주석	원자흡수분광광도법-불꽃 원자흡수분광광도법-흑연로 유도결합플라스마-원자발광분광법 유도결합플라스마-질량분석법	0.8 0.002 0.002 0.0001
철	원자흡수분광광도법 자외선/가시선분광법 유도결합플라스마-원자발광분광법	0.03 0.08 0.007
카드뮴	원자흡수분광광도법 자외선/가시선분광법 유도결합플라스마-원자발광분광법 유도결합플라스마-질량분석법	0.002 0.004 0.004 0.002

항목	시험방법	정량한계(mg/L)
크롬	원자흡수분광광도법-산처리법 원자흡수분광광도법-용매추출법 자외선/가시선분광법 유도결합플라스마-원자발광분광법 유도결합플라스마-질량분석법	0.01 0.001 0.04 0.007 0.0002
6가 크롬	원자흡수분광광도법 자외선/가시선분광법 유도결합플라스마-원자발광분광법	0.01 0.04 0.007
알킬수은	기체크로마토그래피 원자흡수분광광도법	0.0005 0.0005
유기물질		
다이에틸헥실프탈레이트	용매추출-GC/MS	0.0025
석유계총탄화수소	용매추출-GC	0.2
유기인	용매추출-GC	0.0005
폴리클로리네이티드바이페닐	용매추출-GC	0.0005
다이에틸헥실아디페이트	용매추출-GC/MS	0.0025
휘발성유기화합물		
1,4-다이옥산	퍼지 · 트랩-GC/MS 헤드스페이스-GC-MS 고상추출-GC/MS 용매추출-GC/MS	0.001 0.001 0.003 0.01
염화비닐, 아크릴로나이트릴, 브로모폼	헤드스페이스-GC-MS	0.005
휘발성유기화합물	퍼지 · 트랩-GC/MS 헤드스페이스-GC-MS 퍼지 · 트랩-GC 헤드스페이스-GC 용매추출-GC/MS 용매추출-GC	0.001 0.005 0.001(ECD), 0.002(FID) 0.001(ECD), 0.002(FID) 0.002 0.002
폼알데하이드	HPLC GC 헤드스페이스-GC/MS	0.02 0.01 0.01
헥사클로로벤젠	GC/MS	0.001
나프탈렌	헤드스페이스-GC 퍼지 · 트랩-GC/MS	0.003 0.003
에피클로로하이드린	용매추출-GC-LC/MS	0.003

항목	시험방법	정량한계(mg/L)
아크릴아마이드	GC/MS LC/텐덤MS	0.005 0.006
스타이렌	헤드스페이스-GC/MS 퍼지 · 트랩-GC/MS	0.006 0.006
생물		
총대장균군	막여과법 시험관법 평판집락법	
분원성대장균군	막여과법 시험관법	
대장균	효소이용정량법	
급성독성시험	물벼룩을 이용	
식물성플랑크톤	현미경계수법	

제 4 부

작업형 실기시험

다음 항목의 실험계획서를 완성하고 계획서상의 주어진 제조방법에 따라 실험시약을 제조하고 물음에 답하시오.

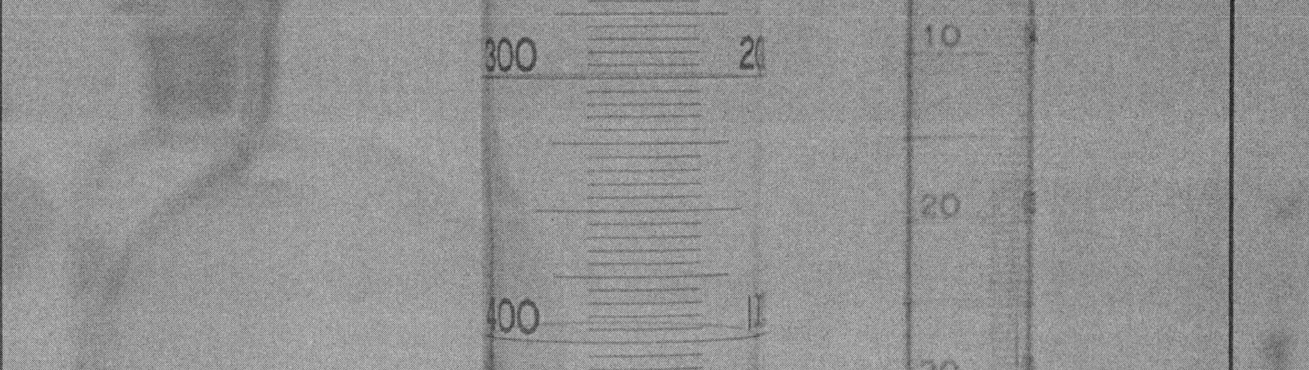

4.1 암모니아성 질소 측정

실험계획서

(1) 실험방법

① 전처리 또는 여과한 시료 2 mL(암모니아성질소로서 0.04 mg 이하 함유)를 취하여 50 mL 부피플라스크에 넣고 물을 넣어 약 30 mL로 한 다음 나트륨 페놀라이트 용액 10 mL와 나이트로프루시드나트륨용액 1 mL를 넣고 조용히 섞은 다음 차아염소산 나트륨용액(암모니아성질소 시험용) 5 mL를 넣어 조용히 섞는다.

② 물을 넣어 표선까지 채운 다음 액온을 20~25℃로 하여 약 30분간 방치하고 이 용액의 일부를 층장 10 mm 흡수셀에 옮겨 검액으로 한다.

③ 따로 정제수 30 mL를 취하여 이하 시료의 시험방법에 따라 시험하여 바탕시험액으로 한다. 바탕시험액을 대조액으로 하여 630 nm에서 검액의 흡광도를 측정하고 미리 작성한 검정곡선으로부터 암모니아성 질소의 양을 구하여 농도(mg/L)를 산출한다.

(2) 시약제조 방법

① 암모니아성 질소 표준원액(0.1 mg NH_3-N/mL) 1000 mL를 제조하시오.
100℃에서 건조한 NH_4Cl 0.382 g을 정제수에 녹인 후 1 l로 희석한다.

$$\frac{0.1\ \mathrm{mg\ (NH_3-N)}}{\mathrm{mL}} \times \frac{53.5\ \mathrm{g\ (NH_4Cl)}}{14\ \mathrm{g\ (N)}} = 0.382\ \mathrm{g/L}$$

② 암모니아성 질소 표준액(0.005 mg NH_3-N/mL) 500 mL를 제조하시오.
표준원액(0.1 mg/mL) 25 mL를 취한 후 정제수를 넣어 500 mL로 한다.

$$NV = N'V'$$
$$0.005 \times 500 = 0.1 \times V'$$
$$\therefore\ V' = 25\ \mathrm{mL}$$

③ 미지시료를 제조하시오.

· 미지시료 1 : 표준원액 50 mL + 증류수 ⇒ 500 mL

· 미지시료 2 : 표준원액 250 mL + 증류수 ⇒ 500 mL

④ 20% NaOH를 제조하시오. (100 mL 제조 기준)

: $\frac{20\ \text{g}}{100\ \text{mL}} \Rightarrow$ 20g NaOH를 물에 녹여 100 mL로 한다.

⑤ 차아염소산나트륨용액을 제조하시오. (100 mL 제조 기준)

10% 유효염소 차아염소산나트륨을 사용하여 제조하고, 유효염소로서 1g에 해당하는 mL를 취한다.

$$\frac{10\ \text{g (NaOCl)}}{100\ \text{mL}} \times \frac{35.45\ \text{g (Cl)}}{74.45\ \text{g (NaOCl)}} = \frac{4.76\ \text{g (Cl)}}{100\ \text{mL}}$$

⑥ 나트륨페놀라이트용액을 제조하시오. (100 mL 제조 기준)

페놀 12.5 g + 20% NaOH 27.5 mL + 아세톤 3 mL ·········100 mL로 한다.

⑦ 나이트로프루시드나트륨용액을 제조하시오. (100 mL 제조 기준)

나이트로프루시드나트륨이수화물 0.15 g을 물에 녹여 100 mL로 한다.

실험문제

문제 1. 측정원리를 서술하시오.

물속에 존재하는 암모니아성 질소를 측정하기 위하여 암모늄이온(NH_4^+)이 하이포염소산(ClO^-)의 존재 하에서, 페놀과 반응하여 생성하는 인도페놀의 청색을 630 nm에서 측정하는 방법이다. 이 시험법은 경도가 높은 물이나 해수의 측정에 적합하며, 정량한계는 0.01 mg/L이다.

문제 2. 나트륨 페놀라이트 용액의 역할을 서술하시오.

암모니아는 알카리성에서 OCl^-의 공존하에서 페놀과 반응하여 청색의 인도페놀을 형성하기 때문에 나트륨페놀라이트 용액은 반응촉진제인 동시에 발색제로서 쓰인다.

문제 3. 나이트로푸루시드나트륨 용액의 역할을 서술하시오.

이 측정법은 온도가 높으면 정량치에 오차가 생기므로 이 오차를 줄이기 위해 나이트로프루시드나트륨 용액을 반응 촉진제로 사용하여 반응시킨다.

문제 4. 검정곡선의 작성

암모니아성질소 표준액(0.005 mg N/mL) 2, 5, 8, 10 mL를 단계적으로 취하여 물을 넣어 약 50 mL로 하고 이하 시료의 시험방법에 따라 시험하여 암모니아성 질소의 양과 흡광광도의 관계선을 작성하시오. 또한 회귀직선식과 그에 따른 상관계수(R)를 구하시오.(모든 계산치는 바탕실험을 보정한 값으로 한다)

① 검량선 작성

검량시료량(mL)	흡광도(실험값)	시험위원(인)
2	0.166	* 시험위원 입회하에 실험을 수행하고 결과치를 답안지에 작성하고 확인, 날인을 받으시오
5	0.243	
8	0.359	
10	0.438	
바탕실험액	0.112	

검량시료의 질소농도(x축)를 구하여 검량선(흡광도-y축)을 작성한다.

$$\text{st1} = \frac{0.005\ \text{mg/mL} \times 2\ \text{mL}}{50\ \text{mL}} \times \frac{1000\ \text{mL}}{1\ \text{L}} = 0.2\ \text{mg/L}$$

$$\text{st2} = \frac{0.005\ \text{mg/mL} \times 5\ \text{mL}}{50\ \text{mL}} \times \frac{1000\ \text{mL}}{1\ \text{L}} = 0.5\ \text{mg/L}$$

$$\text{st3} = \frac{0.005\ \text{mg/mL} \times 8\ \text{mL}}{50\ \text{mL}} \times \frac{1000\ \text{mL}}{1\ \text{L}} = 0.8\ \text{mg/L}$$

$$\text{st4} = \frac{0.005\ \text{mg/mL} \times 10\ \text{mL}}{50\ \text{mL}} \times \frac{1000\ \text{mL}}{1\ \text{L}} = 1.0\ \text{mg/L}$$

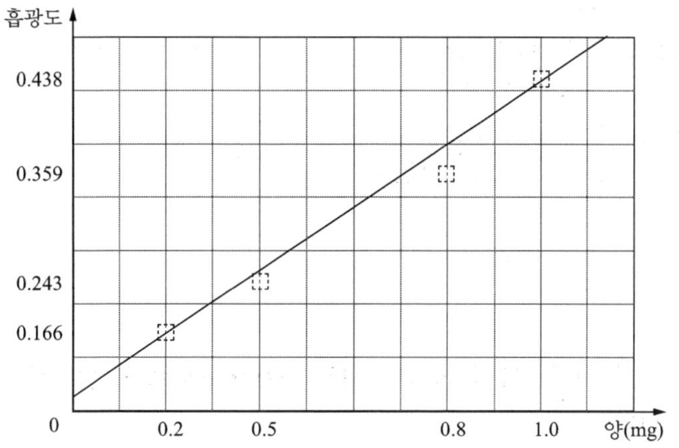

② 회귀직선 및 상관계수

회귀직선식($Y = AX + B$)	* A, B의 산출식을 쓰고, 산출과정을 Table을 작성하여 정확히 기술하시오.
상관계수(R) $R = \dfrac{n(\sum XY) - (\sum X)(\sum Y)}{\sqrt{[n\sum X^2 - (\sum X)^2]\,[n\sum Y^2 - (\sum Y)^2]}}$	* 산출과정을 Table을 작성하여 정확히 기술하시오. * 소수점 4째 자리까지 구하시오.

검량시료량(mL)	흡광도		X(mg/L)	Y(보정값)	XY	X^2	Y^2
2	0.166		0.2	0.054			
5	0.243		0.5	0.131			
8	0.359		0.8	0.247			
10	0.438		1.0	0.326			
바탕시험액	0.112	Σ	2.5	0.758			

위 표의 XY, X^2을 계산하고, 아래 식을 이용하여 A와 B 값을 구한다.

$Y = AX + B$식을 완성되면 Y^2을 구할 수 있다. 여기서 $n = 4$이다.

$$A = \frac{n(\Sigma XY) - (\Sigma X)(\Sigma Y)}{n\Sigma X^2 - (\Sigma X)^2} = 0.3433$$

$$B = \frac{(\Sigma X^2)(\Sigma Y) - (\Sigma X)(\Sigma XY)}{n\Sigma X^2 - (\Sigma X)^2} = -0.025$$

$$R = \frac{n(\Sigma XY) - (\Sigma X)(\Sigma Y)}{\sqrt{[n\Sigma X^2 - (\Sigma X)^2][n\Sigma Y^2 - (\Sigma Y)^2]}} = 0.9952$$

문제 5. 실험분석 결과치를 이용하여 미지시료(채취시료)의 농도를 계산하고 과정을 자세히 쓰시오.

시료	흡광도(실험값)	시험위원(인)
미지시료 1	0.225	* 시험위원 입회하에 실험을 수행하고 결과치를 답안지에 작성하고 확인, 날인을 받으시오
미지시료 2	0.256	
바탕실험액	0.112	

① 미지시료 1

$Y = 0.3433X - 0.025$에 전처리한 미지시료 1의 흡광도(0.225 − 0.112 = 0.113)를 Y에 대입하면

$$0.113 = 0.3433X - 0.025$$

$$X = 0.40198 \text{ mg/L}$$

미지시료 2 mL를 취하여 50 mL로 희석(**실험방법** ①) 하였으므로 미지시료 1의 암모

니아성 질소농도는

$$\frac{0.40198 \text{ mg/L} \times 50 \text{ mL}}{2 \text{ mL}} = 10.05 \text{ mg/L}$$

② 미지시료 2

전처리한 미지시료 2의 흡광도(0.144)를 Y에 대입하면 $X = 0.49228$ mg/L이다.

미지시료 2의 암모니아성 질소농도는

$$\frac{0.49228 \text{ mg/L} \times 50 \text{ mL}}{2 \text{ mL}} \times 4(\text{희석배수}) = 49.23 \text{ mg/L}$$

암모니아성 질소로서 0.04 mg 이하를 함유하는 지(실험방법① 조건)를 알아보면

$$\text{미지시료 } 1 = \frac{0.1 \text{ mg/mL} \times 50 \text{ mL}}{500 \text{ mL}} \times 2\text{mL} = 0.02 \text{ mg}$$

$$\text{미지시료 } 2 = \frac{0.1 \text{ mg/mL} \times 250 \text{ mL}}{500 \text{ mL}} \times 2\text{mL} = 0.1 \text{ mg}$$

따라서 미지시료 2는 4배 희석을 한다.

③ 이론적인 농도(검산)

(시약제조방법 ③ : 암모니아성질소 표준원액(0.1 mg/mL) 50 mL를 취하여 500 mL로 한다)

$$\cdot \text{ 미지시료 } 1 = \frac{0.1 \text{ mg N/mL} \times 50 \text{ mL}}{500 \text{ mL}} \times \frac{1000 \text{ mL}}{1 \text{ L}} = 10 \text{ mg N/L}$$

(시약제조방법 ③ : 암모니아성질소 표준원액(0.1 mg/mL) 250 mL를 취하여 500 mL로 한다)

$$\cdot \text{ 미지시료 } 2 = \frac{0.1 \text{ mg N/mL} \times 250 \text{ mL}}{500 \text{ mL}} \times \frac{1000 \text{ mL}}{1 \text{ L}} = 50 \text{ mg N/L}$$

4.2 총질소 측정

실험계획서

(1) 실험방법

① 시료의 전처리

미지시료의 전처리과정은 과황산칼륨분해 중 일부만을 적용한다.

시료 50 mL(질소로서 0.1 mg 이상일 경우에는 희석)를 플라스크에 넣고 알칼리성 과황산칼륨용액(증류수로 대치한다) 10 mL를 넣어 흔들어 섞는다. 고압증기멸균기에 넣고 가열한다. 약 120℃가 될 때부터 30분간 가열 분해하고 분해병을 꺼내어 방냉한다(생략부분)]

② 전처리한 시료의 상층액 25 mL를 정확히 취하여 50 mL 비커 또는 비색관에 옮긴다.

③ 이 용액에 염산(1+16) 5 mL를 넣어 pH 2~3으로 하고 이 용액의 일부를 층장 10 mm 흡수셀에 옮겨 검액으로 한다. 따로 정제수 50 mL를 취하여 시료의 전처리 시험방법에 따라 시험하고 바탕시험액으로 한다.

(pH를 2~3으로 맞추는 조작은 생략한다).

④ 바탕시험약을 대조액으로 하여 220 nm에서 검액의 흡광도를 측정하고 미리 작성한 검정곡선으로부터 총 질소의 양을 구한다.

⑤ 검정곡선 작성

질산성질소 표준액(0.02 mg NO_3-N/mL) 2, 4, 8, 10 mL를 단계적으로 취하여 100 mL 부피플라스크에 넣고 물을 넣어 표선을 채운 다음, 이 액 25 mL씩을 정확히 취하여 각각 부피플라스크 또는 비색관에 넣고 염산(1+500) 5 mL를 넣은 다음 시료의 시험방법에 따라 시험하여 질소의 양과 흡광도와의 관계식을 작성한다.

(2) 시약제조 방법

① 미지시료를 제조하시오.

미지시료 1 : 표준용액 5 mL + 증류수 → 100 mL

미지시료 2 : 표준용액 20 mL + 증류수 → 100 mL

② 알칼리성 과황산칼륨용액

물 100 mL에 수산화나트륨(질소시험용 또는 질소함량이 0.0005% 이하인 것) 4 g을 녹인 다음 과황산칼륨(질소시험용 또는 질소함량이 0.0005% 이하인 것) 3 g을 넣어 녹인다.

③ 염산(1+16) 100 mL를 제조하시오.

증류수 94.12 mL($100 \times \frac{1}{17}$)에 진한염산 5.88 mL($100 \times \frac{16}{17}$)를 섞는다.

염산(1+500) 100 mL를 제조하시오.

④ 질산성 질소 표준원액 (0.1 mg NO_3-N/mL)

105℃에서 건조한 질산칼륨(표준시약) 0.722 g을 정제수에 녹여 1000 mL로 한다.

$$\frac{0.1\ \mathrm{mg}\ (\mathrm{NO_3-N})}{\mathrm{mL}} \times \frac{101.10\ \mathrm{g}\ (\mathrm{KNO_3})}{14\ \mathrm{g}\ (\mathrm{N})} = 0.722\ \mathrm{g/L}$$

⑤ 질산성 질소 표준용액 (0.02 mg NO_3-N/mL)

표준원액(0.1 mg/mL) 20 mL에 정제수를 넣어 100 mL로 한다.

실험문제

문제 1. 측정원리를 서술하시오.

시료 중 모든 질소화합물을 알칼리성 과황산칼륨을 사용하여 120℃ 부근에서 유기물과 함께 분해하여 질산이온으로 산화시킨 후 산성상태로 하여 흡광도를 220 nm에서 측정하여 총질소를 정량하는 방법이다. 이 방법은 비교적 분해되기 쉬운 유기물을 함유하고 있거나 자외부에서 흡광도를 나타내는 브롬이온이나 크롬을 함유하지 않는 시료에 적용되며, 정량한계는 0.1 mg/L이다.

문제 2. 검정곡선의 작성

질산성 질소 표준용액(0.02 mg N/mL) 2, 4, 8, 10 mL를 단계적으로 취하여 시험하여 질산성 질소의 양과 흡광도의 관계선을 작성하시오. 또한 회귀직선식과 그에 따른 상관계수(R)를 구하시오(모든 계산치는 바탕시험을 보정한 값으로 한다).

① 검량선 작성

검량시료량(mL)	흡광도(실험값)	시험위원(인)
2	0.184	* 시험위원 입회하에 실험을 수행하고 결과치를 답안지에 작성하고 확인, 날인을 받으시오
4	0.272	
8	0.477	
10	0.608	
바탕실험액	0.072	

검량시료의 질소양(x축)을 구하여 검량선(흡광도-y축)을 작성한다.

$$\text{st1} = \frac{0.002\ \text{mg/mL} \times 2\ \text{mL}}{100\ \text{mL}} \times 25\ \text{mL} = 0.01\ \text{mg}$$

$$\text{st2} = \frac{0.002\ \text{mg/mL} \times 4\ \text{mL}}{100\ \text{mL}} \times 25\ \text{mL} = 0.02\ \text{mg}$$

$$\text{st3} = \frac{0.002\ \text{mg/mL} \times 8\ \text{mL}}{100\ \text{mL}} \times 25\ \text{mL} = 0.04\ \text{mg}$$

$$\text{st4} = \frac{0.002\ \text{mg/mL} \times 10\ \text{mL}}{100\ \text{mL}} \times 25\ \text{mL} = 0.05\ \text{mg}$$

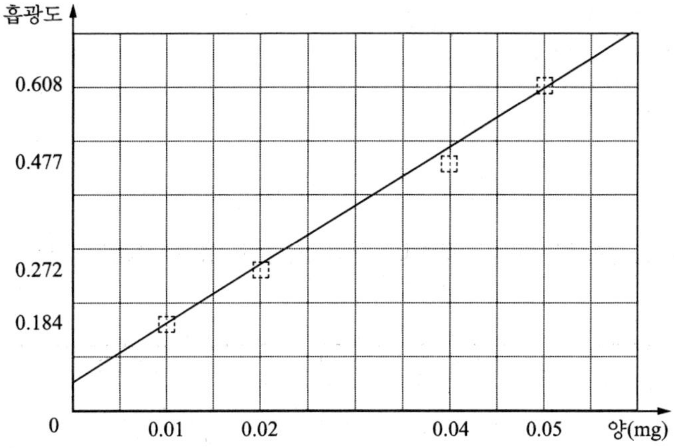

② 회귀직선 및 상관계수

회귀직선식($Y = AX + B$)	* A, B의 산출식을 쓰고, 산출과정을 Table을 작성하여 정확히 기술하시오.
상관계수(R) $R = \dfrac{n(\sum XY) - (\sum X)(\sum Y)}{\sqrt{[n\sum X^2 - (\sum X)^2][n\sum Y^2 - (\sum Y)^2]}}$	* 산출과정을 Table을 작성하여 정확히 기술하시오. * 소수점 4째 자리까지 구하시오.

검량시료량(mL)	흡광도		X(mg)	Y(보정값)	XY	X^2	Y^2
2	0.184		0.01	0.112			
4	0.272		0.02	0.200			
8	0.477		0.04	0.405			
10	0.608		0.05	0.535			
바탕시험액	0.072	Σ	0.12	1.252			

위 표의 XY, X^2을 계산하고, 아래 식을 이용하여 A와 B 값을 구한다.

$Y = AX + B$식을 완성되면 Y^2을 구할 수 있다. 여기서 $n = 4$이다.

$$A = \frac{n(\sum XY) - (\sum X)(\sum Y)}{n\sum X^2 - (\sum X)^2} = 10.51$$

$$B = \frac{(\sum X^2)(\sum Y) - (\sum X)(\sum XY)}{n\sum X^2 - (\sum X)^2} = -0.0023$$

$$R = \frac{n(\sum XY) - (\sum X)(\sum Y)}{\sqrt{[n\sum X^2 - (\sum X)^2][n\sum Y^2 - (\sum Y)^2]}} = 0.9979$$

문제 3. 실험분석결과치를 이용하여 채취시료(미지시료)의 농도를 계산하고 과정을 쓰시오.

시료	흡광도(실험값)	시험위원(인)
미지시료 1	0.289	* 시험위원 입회하에 실험을 수행하고 결과치를 답안지에 작성하고 확인, 날인을 받으시오
미지시료 2	0.507	
바탕실험액	0.072	

① 미지시료 1

$Y = 10.51X - 0.0023$에 전처리한 미지시료 1의 흡광도(0.289 − 0.072 = 0.217)를 Y에 대입하면

$$0.217 = 10.51X - 0.0023$$

$$X = 0.02087\ \text{mg}$$

[시료 50 mL + 알칼리성과황산칼륨용액 10 mL] 중 25 mL를 취하여 실험한다. 즉, 25 mL에 0.02087 mg-N이 포함되어 있으므로 미지시료 1의 총질소 농도는

$$\therefore \text{총질소(mg/L)} = \frac{0.02087\ \text{mg}}{25\ \text{mL}} \times \frac{60\ \text{mL}}{50\ \text{mL}} \times \frac{1000\ \text{mL}}{1\ \text{L}} = 1.0\ \text{mg/L}$$

② 미지시료 2

전처리한 미지시료 2의 흡광도(0.435)를 Y에 대입하면 X는 0.04139 mg 이다. 미지시료 2의 총질소 농도는

$$\frac{0.04139\ \text{mg}}{25\ \text{mL}} \times \frac{60\ \text{mL}}{50\ \text{mL}} \times \frac{1000\ \text{mL}}{1\ \text{L}} \times 2(\text{희석배수}) = 4.0\ \text{mg/L}$$

총 질소로서 0.1 mg 이하를 함유하는지(실험방법① 조건)를 알아보면

$$\text{미지시료 } 1 = \frac{0.02\ \text{mg/mL} \times 5\ \text{mL}}{100\ \text{mL}} \times 50\text{mL} = 0.05\ \text{mg}$$

$$\text{미지시료 } 2 = \frac{0.02\ \text{mg/mL} \times 20\ \text{mL}}{100\ \text{mL}} \times 50\text{mL} = 0.2\ \text{mg}$$

따라서 미지시료 2는 2배 희석을 한다.

③ 이론적인 농도(검산)

(시약제조방법 ① : 질산성질소 표준용액(0.02 mg/mL) 5 mL를 취하여 100 mL로 한다)

$$\cdot\ \text{미지시료 } 1 = \frac{0.02\ \text{mg N/mL} \times 5\ \text{mL}}{100\ \text{mL}} \times 1000\ \text{mL/L} = 1.0\ \text{mg N/L}$$

(시약제조방법 ① : 질산성질소 표준용액(0.02 mg/mL) 20 mL를 취하여 100 mL로 한다)

$$\cdot\ \text{미지시료 } 2 = \frac{0.02\ \text{mg N/mL} \times 20\ \text{mL}}{100\ \text{mL}} \times 1000\ \text{mL/L} = 4.0\ \text{mg N/L}$$

4.3 총인 측정

실험계획서

(1) 실험방법

① 시료의 전처리 : 미지시료의 전처리과정은 과황산칼륨분해방법 중 일부만 적용한다. (질산－황산분해는 적용하지 않음)

* 과황산칼륨분해

시료 50 mL(인으로 0.06 mg 이하 함유)를 플라스크에 넣고 과황산칼륨용액(증류수로 대치한다) 10 mL를 넣어 마개를 닫고 섞은 다음
[고압증기멸균기에 넣어 가열한다. 약 120℃가 될 때까지 30분간 가열분해를 계속하고 분해병을 꺼내 방냉한다(생략부분)]

* 질산－황산 분해

시료 50 mL(인으로 0.06 mg 이하 함유)를 킬달플라스크에 넣고 질산 2 mL를 넣어 액량이 약 10 mL가 될 때까지 서서히 가열 농축하고 방냉한다. 여기서 질산 2~5 mL와 황산 2 mL를 넣고 가열을 계속하여 황산의 백연이 격렬하게 발생할 때까지 가열한다. 분해가 끝나면 물을 넣고 중화시킨 후 50 mL 부피플라스크에 옮기고 물을 넣어 표선까지 채운다.

② 전처리한 시료의 상층액 25 mL를 취하여 마개 있는 시험관에 넣고 몰리브덴산암모늄－아스코르빈산혼액 2 mL를 넣어 흔들어 섞은 다음 20~40℃에서 15분간 방치한다.

③ 이 용액의 일부를 층장 10 mm 흡수셀에 옮겨 검액으로 하고 따로 물 50 mL를 취하여 시료의 시험방법에 따라 시험하여 바탕시험액으로 한다.

④ 바탕시험액을 대조액으로 하여 880 nm에서 검액의 흡광도를 측정하고 미리 작성한 검정곡선으로부터 총 인의 양을 구한다.

⑤ 검정곡선 작성

인산염 인 표준액(0.005 mg P/mL) 5, 10, 15, 20 mL를 단계적으로 취하여 100 mL 부피플라스크에 넣고 물을 넣어 표선을 채운 다음 이 액 25 mL씩을 부피플라스크에 넣고 시료의 시험방법에 따라 시험하여 인의 양과 흡광도의 관계선을 작성한다.

(2) 시약제조 방법

① 미지시료를 제조하시오.

· 미지시료 1 : 표준용액 12 mL + 증류수 → 100 mL

· 미지시료 2 : 표준용액 40 mL + 증류수 → 100 mL

② 몰리브덴산암모늄－아스코르빈산 혼액

몰리브덴산암모늄(4수화물) 1.2 g과 주석산안티몬칼륨 0.048 g을 물 약 60 mL에 녹이고 황산(2 + 1) 24 mL와 설파민산암모늄 1 g을 넣어 녹인 다음 물을 넣고 100 mL로 하고 여기에 7.2% L－아스코르빈산용액 20 mL를 넣어 섞는다.

③ 황산(2+1) 제조하시오.

④ 7.2% L－아스코르빈산 용액(50 mL 제조 기준)

⑤ 인산염 인 표준원액(0.1 mg PO_4-P/mL)

105℃에서 건조한 인산이수소칼륨(표준시약) 0.439 g을 정제수에 녹여 1000 mL로 한다.

$$\frac{0.1\ \mathrm{mg}\ (\mathrm{PO_4-P})}{\mathrm{mL}} \times \frac{136.09\ \mathrm{g}\ (\mathrm{KH_2PO_3})}{31\ \mathrm{g}\ (\mathrm{P})} = 0.439\ \mathrm{g/L}$$

⑥ 인산염 인 표준용액(0.005 mg PO_4-P/mL)

표준원액(0.1 mg/mL)에 정제수를 넣어 500 mL로 한다.

⑦ 과황산칼륨용액은 증류수로 대신한다.

실험문제

문제 1. 측정원리를 서술하시오.

유기물화합물 형태의 인을 산화 분해하여 모든 인 화합물을 인산염(PO_4^{3-}) 형태로 변화시킨 다음 몰리브덴산암모늄과 반응하여 생성된 몰리브덴산인암모늄을 아스코르빈산으로 환원하여 생성된 몰리브덴산의 흡광도를 880 nm에서 측정하여 총인의 양을 정량하는 방법이다. 정량한계는 0.005 mg/L이다.

문제 2. 검정곡선을 작성하고 X축의 산출근거를 쓰시오(모눈종이 부착).

인산염 인 표준용액(0.005 mg P/mL) 5, 10, 15, 20 mL를 단계적으로 취하여 시험하여 인산염 인의 양과 흡광도와의 관계선을 작성하시오. 또한 회귀직선식과 그에 따른 상관계수(R)를 구하시오(모든 계산치는 바탕시험을 보정한 값으로 한다).

① 검량선 작성

검량시료량(mL)	흡광도(실험값)	시험위원(인)
5	0.192	* 시험위원 입회하에 실험을 수행하고 결과치를 답안지에 작성하고 확인, 날인을 받으시오
10	0.317	
15	0.407	
20	0.522	
바탕실험액	0.077	

검량시료의 인의 양(x축)을 구하여 검량선(흡광도-y축)을 작성한다.

$$\text{st1} = \frac{0.005\ \text{mg/mL} \times 5\ \text{mL}}{100\ \text{mL}} \times 25\ \text{mL} = 0.00625\ \text{mg}$$

$$\text{st2} = \frac{0.005\ \text{mg/mL} \times 10\ \text{mL}}{100\ \text{mL}} \times 25\ \text{mL} = 0.0125\ \text{mg}$$

$$\text{st3} = \frac{0.005\ \text{mg/mL} \times 15\ \text{mL}}{100\ \text{mL}} \times 25\ \text{mL} = 0.01875\ \text{mg}$$

$$\text{st4} = \frac{0.005\ \text{mg/mL} \times 20\ \text{mL}}{100\ \text{mL}} \times 25\ \text{mL} = 0.025\ \text{mg}$$

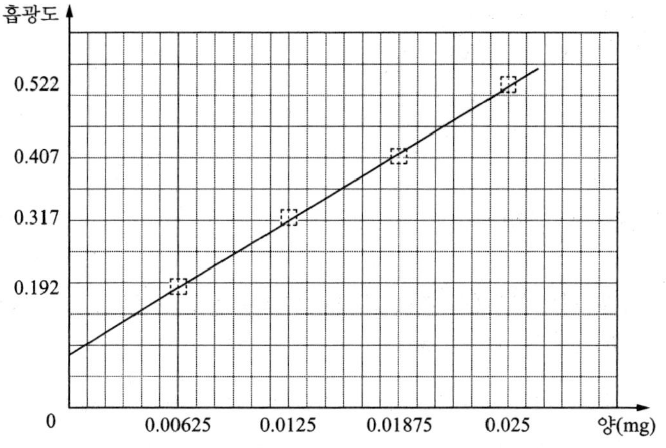

② 회귀직선 및 상관계수

회귀직선식($Y = AX + B$)	* A, B의 산출식을 쓰고, 산출과정을 Table을 작성하여 정확히 기술하시오.
상관계수(R) $R = \dfrac{n(\sum XY) - (\sum X)(\sum Y)}{\sqrt{[n\sum X^2 - (\sum X)^2][n\sum Y^2 - (\sum Y)^2]}}$	* 산출과정을 Table을 작성하여 정확히 기술하시오. * 소수점 4째 자리까지 구하시오.

검량시료량(mL)	흡광도		X(mg)	Y(보정값)	XY	X^2	Y^2
5	0.192		0.00625	0.115			
10	0.317		0.01250	0.240			
15	0.407		0.01875	0.330			
20	0.522		0.02500	0.445			
바탕시험액	0.077	Σ	0.06250	1.130			

위 표의 XY, X^2을 계산하고, 아래 식을 이용하여 A와 B 값을 구한다.
$Y = AX + B$식을 완성되면 Y^2을 구할 수 있다. 여기서 $n = 4$이다.

$$A = \frac{n(\sum XY) - (\sum X)(\sum Y)}{n\sum X^2 - (\sum X)^2} = 17.28$$

$$B = \frac{(\sum X^2)(\sum Y) - (\sum X)(\sum XY)}{n\sum X^2 - (\sum X)^2} = 0.0125$$

$$R = \frac{n(\sum XY) - (\sum X)(\sum Y)}{\sqrt{[n\sum X^2 - (\sum X)^2]\,[n\sum Y^2 - (\sum Y)^2]}} = 0.9983$$

문제 3. 다음 물음에 답하시오.

가. 전처리를 위해 과황산칼륨 분해방법을 적용하는 시료와 질산－황산분해법을 적용하는 시료의 차이점을 기술하시오.

· 분해되기 쉬운 유기물을 함유한 시료일 경우 : 과황산칼륨 분해방법
· 다량의 유기물을 함유한 시료일 경우 : 질산－황산 분해방법

나. 실험분석치를 이용하여 채취시료(미지시료)의 농도를 계산하고 과정을 쓰시오. (과황산칼륨분해법으로 시료를 전처리한 경우)

시료	흡광도(실험값)	시험위원(인)
미지시료 1	0.308	* 시험위원 입회하에 실험을 수행하고 결과치를 답안지에 작성하고 확인, 날인을 받으시오
미지시료 2	0.448	
바탕실험액	0.077	

① 미지시료 1

$Y = 17.28X + 0.0125$에 전처리한 미지시료 1의 흡광도(0.308－0.077 = 0.231)를 Y에 대입하면

$$0.231 = 17.28X + 0.0125$$

$$X = 0.0126\ \text{mg}$$

[시료 50 mL + 과황산칼륨용액 10 mL] 중 25 mL를 취하여 실험한다.
즉, 25 mL에 0.0126 mg-P이 포함되어 있으므로 미지시료 1의 총인 농도는

$$\therefore \text{총인}\,(\text{mg/L}) = \frac{0.0126\ \text{mg}}{25\ \text{mL}} \times \frac{60\ \text{mL}}{50\ \text{mL}} \times \frac{1000\ \text{mL}}{1\ \text{L}} = 0.607\ \text{mg/L}$$

② 미지시료 2

전처리한 미지시료 2의 흡광도(0.371)를 Y에 대입하면 X는 0.02075 mg 이다.

미지시료 2의 총인 농도는

$$\frac{0.02075\ \text{mg}}{25\ \text{mL}} \times \frac{60\ \text{mL}}{50\ \text{mL}} \times \frac{1000\ \text{mL}}{1\ \text{L}} \times 2(\text{희석배수}) = 1.99\ \text{mg/L}$$

인으로서 0.06 mg 이하를 함유하는지(실험방법① 조건)를 알아보면

$$\text{미지시료 } 1 = \frac{0.005\ \text{mg/mL} \times 12\ \text{mL}}{100\ \text{mL}} \times 50\text{mL} = 0.03\ \text{mg}$$

$$\text{미지시료 } 2 = \frac{0.005\ \text{mg/mL} \times 40\ \text{mL}}{100\ \text{mL}} \times 50\text{mL} = 0.1\ \text{mg}$$

따라서 미지시료 2는 2배 희석을 한다.

③ 이론적인 농도(검산)

(시약제조방법 ① : 인산염인 표준용액(0.005 mg/mL) 12 mL를 취하여 100 mL로 한다)

$$\cdot\ \text{미지시료 } 1 = \frac{0.005\ \text{mg P/mL} \times 12\ \text{mL}}{100\ \text{mL}} \times 1000\ \text{mL/L} = 0.6\ \text{mg N/L}$$

(시약제조방법 ① : 인산염인 표준용액(0.005 mg/mL) 40 mL를 취하여 100 mL로 한다)

$$\cdot\ \text{미지시료 } 2 = \frac{0.005\ \text{mg P/mL} \times 40\ \text{mL}}{100\ \text{mL}} \times 1000\ \text{mL/L} = 2.0\ \text{mg N/L}$$

다. 실험분석치를 이용하여 채취시료(미지시료)의 농도를 계산하고 과정을 쓰시오. (질산-황산분해법으로 시료를 전처리한 경우)

$$\text{총인(mg/L)} = a \times \frac{1000}{25}$$

a : 검정곡선으로부터 구한 인의 양(mg)

4.4 철(Fe)의 측정

실험계획서

(1) 실험방법

① 전처리한 시료적당량(철로서 0.5 mg 이하 함유)을 비커에 넣고 질산(1+1) 2 mL를 넣어 끓인다. 물을 넣어 50~100 mL로 하고 암모니아수(1+1)를 넣어 약알칼리성으로 한 다음 수분간 끓여 침전을 생성시킨다.
(①의 실험은 생략하고 제조된 미지시료 50 mL를 취하여 실험을 수행한다)

② 염산 (1+2) 6 mL를 가한다.

③ 100 mL 부피플라스크에 옮기고 물을 넣어 액량을 약 70 mL로 하고, 염산하이드록실아민용액(20%) 1 mL를 넣어 흔들어 섞는다.

④ *o*−페난트로린 용액(0.1%) 5 mL를 넣어 흔들어 섞고 아세트산암모늄용액(50%) 10 mL를 넣고 흔들어 섞은 다음 실온까지 냉각한다. 물을 넣어 표선까지 채워 흔들어 섞은 다음 20분간 방치하여 검액으로 한다.

⑤ 따로 물 50 mL를 취하여 시료의 시험방법에 따라 실험하여 바탕시험액으로 한다. 바탕시험액을 대조액으로 하여 층장 10 mm 흡수셀에 옮겨 510 nm에서 검액의 흡광도를 측정하고 작성한 검정곡선으로부터 철의 양을 구하고 농도(mg/L)를 산출한다.

(2) 시약제조 방법

① 미지시료를 제조하시오.

- 미지시료 1 : 철표준용액 200 mL에 물을 넣어 500 mL로 한다.
- 미지시료 2 : 철표준원액 10 mL에 물을 넣어 500 mL로 한다.

② 질산(1+1), 암모니아(1+1) 제조방법을 기술하시오.

질산(1+1) : 물 50 mL와 질산 50 mL를 섞는다.

암모니아(1+1) : 물 50 mL와 암모니아 50 mL를 섞는다.

③ 염산(1+2) 100 mL를 제조하시오.

물 66.7 mL에 염산 33.3 mL를 서서히 섞는다.

④ 염산하이드록실아민 용액(20%) 100 mL를 제조하시오.

염산하이드록실아민 20 g을 정제수에 녹여 100 mL로 한다.

⑤ *o*－페난트로린용액(0.1%) 100 mL를 제조하시오.

o－페난트로린 2염산염 0.12g을 증류수에 녹여 100 mL로 하고 80℃로 가열하여 녹인다.

⑥ 아세트산산암모늄 용액(50%) 100 mL를 제조하시오.

아세트산산암모늄 50 g을 증류수에 녹여 100 mL로 한다.

⑦ 철 표준원액(0.1 mg Fe/mL) 1000 mL를 제조하시오.

금속 철(순도 99.9% 이상) 0.1 g을 염산(1+1) 10 mL와 질산 3 mL에 녹인다. 다시 질산 5 mL를 가해 1 L 부피플라스크에 넣어 정제수로 표선까지 채운다.

⑧ 철 표준용액(0.01 mg Fe/mL) 1000 mL를 제조하시오.

철표준원액 10 mL에 물을 넣어 1 L로 한다.

실험문제

문제 1. 측정원리를 설명하시오

암모니아 알칼리성으로 하여 수산화 제이철로 침전분리하고, 침전을 염산에 녹여 염산하이드록실 아민으로 제일철로 환원한 다음, $o-$페난트로린을 넣어 약산성에서 나타나는 등적색 철착염의 흡광도를 510nm에서 측정하는 방법이다. 정량한계는 0.08 mg/L이다.

문제 2. 실험방법 중 ① 과정을 거쳐야 하는 이유를 서술하시오.

시료 중의 유기물질을 분해 제거함으로써 산화분해를 용이하게 하는 한편 착화합물 또는 착이온 상태로 존재하는 철 이온을 전처리하여 3가로 산화시킨 후 암모니아수로 수산화제이철로 침전시킴으로써 철의 손실을 방지하고 목적성분의 정량을 용이하게 하기 위함이다.

문제 3. 실험방법 ④과정 중 아세트산암모늄 용액의 역할을 서술하시오.

아세트산산암모늄 용액은 완충용액으로서 $o-$페난트로린과 2가 철이온이 반응하여 생긴 등적색의 가용성 착물이 완전하게 발색되는 pH 4~5(보통 4.8)의 범위로 조절하고 장시간 안정하도록 해준다.

문제 4. 검정곡선의 작성

철 표준용액(0.01 mg Fe/mL) 5, 10, 20, 40 mL를 단계적으로 취하여 100 mL 부피플라스크에 넣고 염산(1+2) 6 mL를 넣어 이하 시료의 시험방법 중 "물을 넣어 액량을 약 70mL로 하고…" 에 따라 시험하여 철의 양과 흡광도와의 관계선을 작성하시오. 또한 회귀직선식($Y = AX + B$)과 그에 따른 상관계수(R)를 구하시오.

① 검량선 작성

검량시료량(mL)	흡광도(실험값)	시험위원(인)
5	0.151	* 시험위원 입회하에 실험을 수행하고 결과치를 답안지에 작성하고 확인, 날인을 받으시오
10	0.301	
20	0.512	
40	0.887	
바탕실험액	0.067	

검량시료의 철의 농도(x축)를 구하여 검량선(흡광도-y축)을 작성한다.

$$\text{st1} = \frac{0.01\ \text{mg/mL} \times 5\ \text{mL}}{100\ \text{mL}} \times 1000\ \text{mL/L} = 0.5\ \text{mg/L}$$

$$\text{st2} = \frac{0.01\ \text{mg/mL} \times 10\ \text{mL}}{100\ \text{mL}} \times 1000\ \text{mL/L} = 1.0\ \text{mg/L}$$

$$\text{st3} = \frac{0.01\ \text{mg/mL} \times 20\ \text{mL}}{100\ \text{mL}} \times 1000\ \text{mL/L} = 2.0\ \text{mg/L}$$

$$\text{st4} = \frac{0.01\ \text{mg/mL} \times 40\ \text{mL}}{100\ \text{mL}} \times 1000\ \text{mL/L} = 4.0\ \text{mg/L}$$

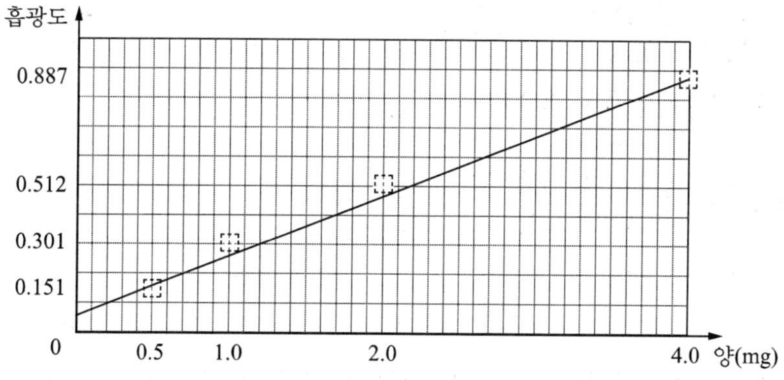

② 회귀직선 및 상관계수

회귀직선식($Y = AX + B$)	* A, B의 산출식을 쓰고, 산출과정을 Table을 작성하여 정확히 기술하시오.
상관계수(R) $R = \dfrac{n(\sum XY) - (\sum X)(\sum Y)}{\sqrt{[n\sum X^2 - (\sum X)^2][n\sum Y^2 - (\sum Y)^2]}}$	* 산출과정을 Table을 작성하여 정확히 기술하시오. * 소수점 4째 자리까지 구하시오.

검량시료량(mL)	흡광도		X(mg)	Y(보정값)	XY	X^2	Y^2
5	0.151		0.5	0.084			
10	0.301		1.0	0.234			
20	0.512		2.0	0.445			
40	0.887		4.0	0.820			
바탕시험액	0.067	Σ	7.5	1.583			

위 표의 XY, X^2을 계산하고, 아래 식을 이용하여 A와 B 값을 구한다.
$Y = AX + B$식을 완성되면 Y^2을 구할 수 있다. 여기서 $n = 4$이다.

$$A = \frac{n(\sum XY) - (\sum X)(\sum Y)}{n\sum X^2 - (\sum X)^2} = 0.2056$$

$$B = \frac{(\sum X^2)(\sum Y) - (\sum X)(\sum XY)}{n\sum X^2 - (\sum X)^2} = 0.0102$$

$$R = \frac{n(\sum XY) - (\sum X)(\sum Y)}{\sqrt{[n\sum X^2 - (\sum X)^2][n\sum Y^2 - (\sum Y)^2]}} = 0.9969$$

문제 5. 실험분석 결과치를 이용하여 미지시료(채취시료)의 농도를 계산하고 과정을 쓰시오.

시료	흡광도(실험값)	시험위원(인)
미지시료 1	0.488	* 시험위원 입회하에 실험을 수행하고 결과치를 답안지에 작성하고 확인, 날인을 받으시오
미지시료 2	0.588	
바탕실험액	0.067	

① 미지시료 1

$Y = 0.2056X + 0.0102$에 전처리한 미지시료 1의 흡광도(0.488 − 0.067 = 0.421)를 Y에 대입하면

$$0.421 = 0.2056X + 0.0102$$

$$X = 1.998 \text{ mg}$$

미지시료 50 mL를 취하여 100 mL로 희석(**실험방법** ①~④) 하였으므로 미지시료 1의 철농도는

$$\frac{1.998 \text{ mg/L} \times 100 \text{ mL}}{50 \text{ mL}} = 3.996 \text{ mg/L}$$

② 미지시료 2

전처리한 미지시료 2의 흡광도(0.521)를 Y에 대입하면 $X = 2.484$ mg/L이다. 미지시료 2의 암모니아성 질소농도는

$$\frac{2.484 \text{ mg/L} \times 100 \text{ mL}}{50 \text{ mL}} \times 4(\text{희석배수}) = 19.876 \text{ mg/L}$$

> 철로서 0.5 mg 이하를 함유하는 지(실험방법① 조건)를 알아보면
>
> $$\text{미지시료 } 1 = \frac{0.01 \text{ mg/mL} \times 200 \text{ mL}}{500 \text{ mL}} \times 50\text{mL} = 0.02 \text{ mg}$$
>
> $$\text{미지시료 } 2 = \frac{1 \text{ mg/mL} \times 10 \text{ mL}}{500 \text{ mL}} \times 50\text{mL} = 1 \text{ mg}$$
>
> 따라서 미지시료 2는 4배 희석을 한다.

③ 이론적인 농도(검산)

(시약제조방법 ① : 철 표준용액(0.01 mg/mL) 200 mL를 취하여 500 mL로 한다)

$$\cdot \text{ 미지시료 } 1 = \frac{0.01 \text{ mg Fe/mL} \times 200 \text{ mL}}{500 \text{ mL}} \times \frac{1000 \text{ mL}}{1 \text{ L}} = 4.0 \text{ mg Fe/L}$$

(시약제조방법 ① : 철 표준원액(1 mg/mL) 10 mL를 취하여 500 mL로 한다)

$$\cdot \text{ 미지시료 } 2 = \frac{1 \text{ mg Fe/mL} \times 10 \text{ mL}}{500 \text{ mL}} \times \frac{1000 \text{ mL}}{1 \text{ L}} = 20 \text{ mg Fe/L}$$

제5부

부 록

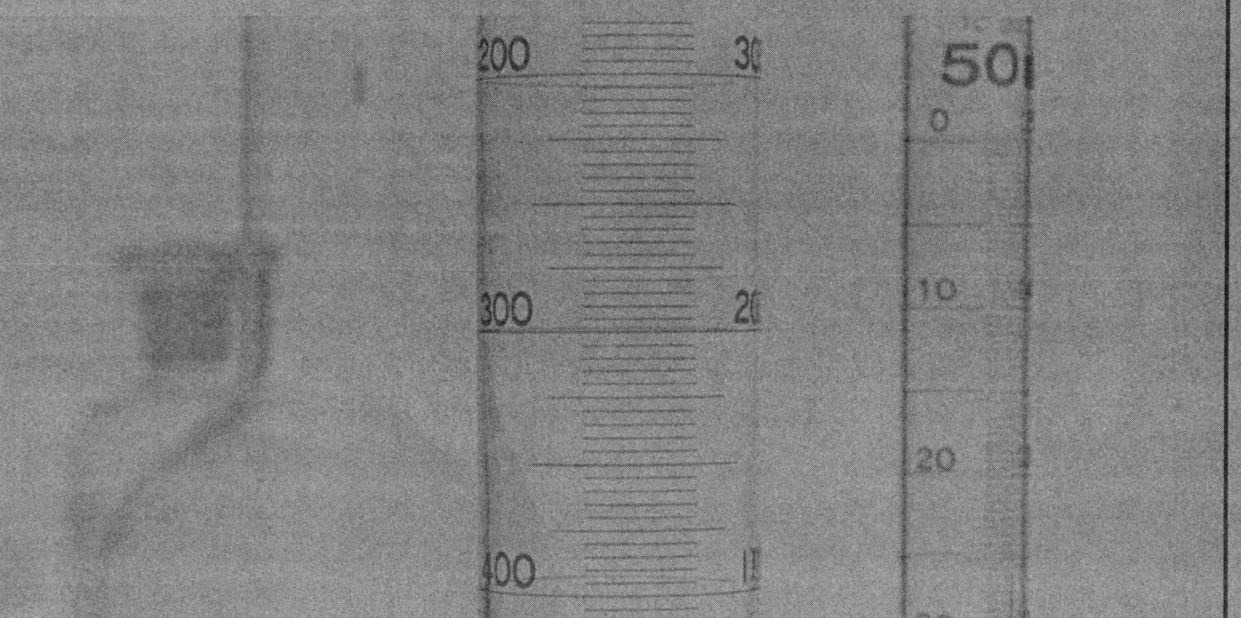

5.1 수질 및 수생태계 환경기준

(가) 하천

1) 사람의 건강보호 기준

항목	기준값(mg/L)
카드뮴(Cd)	0.005 이하
비소(As)	0.05 이하
시안(CN)	검출되어서는 안 됨(검출한계 0.01)
수은(Hg)	검출되어서는 안 됨(검출한계 0.001)
유기인	검출되어서는 안 됨(검출한계 0.0005)
폴리클로리네이티드바이페닐(PCB)	검출되어서는 안 됨(검출한계 0.0005)
납(Pb)	0.05 이하
6가 크롬(Cr^{6+})	0.05 이하
음이온 계면활성제(ABS)	0.5 이하
사염화탄소	0.004 이하
1,2-다이클로로에탄	0.03 이하
테트라클로로에틸렌(PCE)	0.04 이하
다이클로로메탄	0.02 이하
벤젠	0.01 이하
클로로폼	0.08 이하
다이에틸헥실프탈레이트(DEHP)	0.008 이하
안티몬	0.02 이하
1,4-다이옥세인	0.05 이하
폼알데하이드	0.5 이하
헥사클로로벤젠	0.00004 이하

2) 생활환경 기준

<table>
<tr><th colspan="2" rowspan="3">등급</th><th colspan="10">기 준</th></tr>
<tr><th rowspan="2">수소 이온 농도 (pH)</th><th rowspan="2">생물학적 산소 요구량 (BOD) (mg/L)</th><th rowspan="2">화학적 산소 요구량 (COD) (mg/L)</th><th rowspan="2">총유기탄소량 (TOC) (mg/L)</th><th rowspan="2">부유 물질량 (SS) (mg/L)</th><th rowspan="2">용존 산소량 (DO) (mg/L)</th><th rowspan="2">총인 (T-P) (mg/L)</th><th colspan="2">대장균군 (군수/100mL)</th></tr>
<tr><th>총 대장균군</th><th>분원성 대장균군</th></tr>
<tr><td>매우 좋음</td><td>Ia</td><td>6.5~8.5</td><td>1 이하</td><td>2 이하</td><td>2 이하</td><td>25 이하</td><td>7.5 이상</td><td>0.02 이하</td><td>50 이하</td><td>10 이하</td></tr>
<tr><td>좋음</td><td>Ib</td><td>6.5~8.5</td><td>2 이하</td><td>4 이하</td><td>3 이하</td><td>25 이하</td><td>5.0 이상</td><td>0.04 이하</td><td>500 이하</td><td>100 이하</td></tr>
<tr><td>약간 좋음</td><td>II</td><td>6.5~8.5</td><td>3 이하</td><td>5 이하</td><td>4 이하</td><td>25 이하</td><td>5.0 이상</td><td>0.1 이하</td><td>1,000 이하</td><td>200 이하</td></tr>
<tr><td>보통</td><td>III</td><td>6.5~8.5</td><td>5 이하</td><td>7 이하</td><td>5 이하</td><td>25 이하</td><td>5.0 이상</td><td>0.2 이하</td><td>5,000 이하</td><td>1,000 이하</td></tr>
<tr><td>약간 나쁨</td><td>IV</td><td>6.0~8.5</td><td>8 이하</td><td>9 이하</td><td>6 이하</td><td>100 이하</td><td>2.0 이상</td><td>0.3 이하</td><td></td><td></td></tr>
<tr><td>나쁨</td><td>V</td><td>6.0~8.5</td><td>10 이하</td><td>11 이하</td><td>8 이하</td><td>쓰레기 등이 떠 있지 않을 것</td><td>2.0 이상</td><td>0.5 이하</td><td></td><td></td></tr>
<tr><td>매우 나쁨</td><td>VI</td><td></td><td>10 초과</td><td>11 초과</td><td>8 초과</td><td></td><td>2.0 미만</td><td>0.5 초과</td><td></td><td></td></tr>
</table>

비고

1. 등급별 수질 및 수생태계 상태
   가. 매우 좋음: 용존산소(溶存酸素)가 풍부하고 오염물질이 없는 청정상태의 생태계로 여과·살균 등 간단한 정수처리 후 생활용수로 사용할 수 있음.
   나. 좋음: 용존산소가 많은 편이고 오염물질이 거의 없는 청정상태에 근접한 생태계로 여과·침전·살균 등 일반적인 정수처리 후 생활용수로 사용할 수 있음.
   다. 약간 좋음: 약간의 오염물질은 있으나 용존산소가 많은 상태의 다소 좋은 생태계로 여과·침전·살균 등 일반적인 정수처리 후 생활용수 또는 수영용수로 사용할 수 있음.
   라. 보통: 보통의 오염물질로 인하여 용존산소가 소모되는 일반 생태계로 여과, 침전, 활성탄 투입, 살균 등 고도의 정수처리 후 생활용수로 이용하거나 일반적 정수처리 후 공업용수로 사용할 수 있음.
   마. 약간 나쁨: 상당량의 오염물질로 인하여 용존산소가 소모되는 생태계로 농업용수로 사용하거나 여과, 침전, 활성탄 투입, 살균 등 고도의 정수처리 후 공업용수로 사용할 수 있음.
   바. 나쁨: 다량의 오염물질로 인하여 용존산소가 소모되는 생태계로 산책 등 국민의 일상생활에 불쾌감을 주지 않으며, 활성탄 투입, 역삼투압 공법 등 특수한 정수처리 후 공업용수로 사용할 수 있음.
   사. 매우 나쁨: 용존산소가 거의 없는 오염된 물로 물고기가 살기 어려움.
   아. 용수는 해당 등급보다 낮은 등급의 용도로 사용할 수 있음.
   자. 수소이온농도(pH) 등 각 기준항목에 대한 오염도 현황, 용수처리방법 등을 종합적으로 검토하여 그에 맞는 처리방법에 따라 용수를 처리하는 경우에는 해당 등급보다 높은 등급의 용도로도 사용할 수 있음.

(나) 호소

1) 사람의 건강보호 기준 : (가)의 1)과 같다.

2) 생활환경 기준

등급		기준									
		수소이온농도 (pH)	화학적 산소 요구량 (COD) (mg/L)	총유기 탄소량 (TOC) (mg/L)	부유 물질량 (SS) (mg/L)	용존 산소량 (DO) (mg/L)	총인 (T-P) (mg/L)	총질소 (T-N) (mg/L)	클로로필 -a (Chl-a) (mg/㎥)	대장균군 (군수/100mL)	
										총 대장균군	분원성 대장균군
매우 좋음	Ia	6.5～8.5	2 이하	2 이하	1 이하	7.5 이상	0.01 이하	0.2 이하	5 이하	50 이하	10 이하
좋음	Ib	6.5～8.5	3 이하	3 이하	5 이하	5.0 이상	0.02 이하	0.3 이하	9 이하	500 이하	100 이하
약간 좋음	II	6.5～8.5	4 이하	4 이하	5 이하	5.0 이상	0.03 이하	0.4 이하	14 이하	1,000 이하	200 이하
보통	III	6.5～8.5	5 이하	5 이하	15 이하	5.0 이상	0.05 이하	0.6 이하	20 이하	5,000 이하	1,000 이하
약간 나쁨	IV	6.0～8.5	8 이하	6 이하	15 이하	2.0 이상	0.10 이하	1.0 이하	35 이하		
나쁨	V	6.0～8.5	10 이하	8 이하	쓰레기등이 떠 있지 않을 것	2.0 이상	0.15 이하	1.5 이하	70 이하		
매우 나쁨	VI		10 초과	8 초과		2.0 미만	0.15 초과	1.5 초과	70 초과		

비고

1. 총인, 총질소의 경우 총인에 대한 총질소의 농도비율이 7 미만일 경우에는 총인의 기준을 적용하지 않으며, 그 비율이 16 이상일 경우에는 총질소의 기준을 적용하지 않는다.
2. 등급별 수질 및 수생태계 상태는 가목2) 비고 제1호와 같다.
3. 상태(캐릭터) 도안 모형 및 도안 요령은 가목2) 비고 제2호와 같다.
4. 화학적 산소요구량(COD) 기준은 2015년 12월 31일까지 적용한다.

(다) 지하수

지하수 환경기준 항목 및 수질기준은「먹는물관리법」제5조 및「수도법」제26조에 따라 환경부령으로 정하는 수질기준을 적용한다. 다만, 환경부장관이 고시하는 지역 및 항목은 적용하지 않는다.

(라) 해역

1) 생활환경

항 목	수소이온농도(pH)	총대장균군수/100mL	용매 추출유분(mg/L)
기 준	6.5 ~ 8.5	1,000 이하	0.01 이하

2) 생태기반 해수수질 기준

등급	수질평가 지수값(Water Quality Index)
Ⅰ (매우 좋음)	23 이하
Ⅱ (좋음)	24 ~ 33
Ⅲ (보통)	34 ~ 46
Ⅳ (나쁨)	47 ~ 59
Ⅴ (아주 나쁨)	60 이상

3) 해양생태계 보호기준

중금속류	구리	납	아연	비소	카드뮴	크롬(6가)
단기 기준*	3.0	7.6	34	9.4	19	200
장기 기준**	1.2	1.6	11	3.4	2.2	2.8

* 단기 기준 : 1회성 관측값과 비교 적용

**장기 기준 : 연간 평균값(최소 사계절 동안 조사한 자료)과 비교 적용

4) 사람의 건강보호

항목	기준(mg/L)	항목	기준(mg/L)
6가 크롬(Cr^{6+})	0.05	다이아지논	0.02
비소(As)	0.05	파라티온	0.06
카드뮴(Cd)	0.01	말라티온	0.25
납(Pb)	0.05	1.1.1-트리클로로에탄	0.1
아연(Zn)	0.1	테트라클로로에틸렌	0.01
구리(Cu)	0.02	트라이클로로에틸렌	0.03
시안(CN)	0.01	다이클로로메탄	0.02
수은(Hg)	0.0005	벤젠	0.01
폴리클로리네이티드바이페닐(PCB)	0.0005	페놀	0.005
		음이온 계면활성제(ABS)	0.5

5.2 먹는물수질기준

1. 미생물에 관한 기준

가. 일반세균은 1 mL 중 100 CFU(Colony Forming Unit)를 넘지 아니할 것. 다만, 샘물 및 염지하수의 경우에는 저온일반세균은 20 CFU/mL, 중온일반세균은 5 CFU/mL를 넘지 아니하여야 하며, 먹는샘물, 먹는염지하수 및 먹는해양심층수의 경우에는 병에 넣은 후 4℃를 유지한 상태에서 12시간 이내에 검사하여 저온일반세균은 100 CFU/mL, 중온일반세균은 20 CFU/mL를 넘지 아니할 것

나. 총 대장균군은 100 mL(샘물 · 먹는샘물, 염지하수 · 먹는염지하수 및 먹는해양심층수의 경우에는 250 mL)에서 검출되지 아니할 것. 다만, 제4조제1항제1호나목 및 다목에 따라 매월 또는 매 분기 실시하는 총 대장균군의 수질검사 시료(試料) 수가 20개 이상인 정수시설의 경우에는 검출된 시료 수가 5퍼센트를 초과하지 아니하여야 한다.

다. 대장균 · 분원성 대장균군은 100 mL에서 검출되지 아니할 것. 다만, 샘물 · 먹는샘물, 염지하수 · 먹는염지하수 및 먹는해양심층수의 경우에는 적용하지 아니한다.

라. 분원성 연쇄상구균 · 녹농균 · 살모넬라 및 쉬겔라는 250 mL에서 검출되지 아니할 것(샘물 · 먹는샘물, 염지하수 · 먹는염지하수 및 먹는해양심층수의 경우에만 적용한다.)

마. 아황산환원혐기성포자형성균은 50 mL에서 검출되지 아니할 것(샘물 · 먹는샘물, 염지하수 · 먹는염지하수 및 먹는해양심층수의 경우에만 적용한다.)

바. 여시니아균은 2 L에서 검출되지 아니할 것(먹는물공동시설의 물의 경우에만 적용한다.)

2. 건강상 유해영향 무기물질에 관한 기준

가. 납은 0.01 mg/L를 넘지 아니할 것

나. 불소는 1.5 mg/L(샘물 · 먹는샘물 및 염지하수 · 먹는염지하수의 경우에는 2.0 mg/L)를 넘지 아니할 것

다. 비소는 0.01 mg/L(샘물 · 염지하수의 경우에는 0.05 mg/L)를 넘지 아니할 것

라. 셀레늄은 0.01 mg/L(염지하수의 경우에는 0.05 mg/L)를 넘지 아니할 것

마. 수은은 0.001 mg/L를 넘지 아니할 것

바. 시안은 0.01 mg/L를 넘지 아니할 것
사. 크롬은 0.05 mg/L를 넘지 아니할 것
아. 암모니아성 질소는 0.5 mg/L 를 넘지 아니할 것
자. 질산성 질소는 10 mg/L를 넘지 아니할 것
차. 카드뮴은 0.005 mg/L를 넘지 아니할 것
카. 보론은 1.0 mg/L를 넘지 아니할 것(염지하수의 경우에는 적용하지 아니한다)
타. 브롬산염은 0.01 mg/L를 넘지 아니할 것(먹는샘물, 염지하수·먹는염지하수, 먹는해양심층수 및 오존으로 살균·소독 또는 세척 등을 하여 음용수로 이용하는 지하수만 적용한다)
파. 스트론튬은 4 mg/L를 넘지 아니할 것(먹는염지하수 및 먹는해양심층수의 경우에만 적용한다)

3. 건강상 유해영향 유기물질에 관한 기준

가. 페놀은 0.005 mg/L를 넘지 아니할 것
나. 다이아지논은 0.02 mg/L를 넘지 아니할 것
다. 파라티온은 0.06 mg/L를 넘지 아니할 것
라. 페니트로티온은 0.04 mg/L를 넘지 아니할 것
마. 카바릴은 0.07 mg/L를 넘지 아니할 것
바. 1,1,1-트리클로로에탄은 0.1 mg/L를 넘지 아니할 것
사. 테트라클로로에틸렌은 0.01 mg/L를 넘지 아니할 것
아. 트리클로로에틸렌은 0.03 mg/L를 넘지 아니할 것
자. 디클로로메탄은 0.02 mg/L를 넘지 아니할 것
차. 벤젠은 0.01 mg/L를 넘지 아니할 것
카. 톨루엔은 0.7 mg/L를 넘지 아니할 것
타. 에틸벤젠은 0.3 mg/L를 넘지 아니할 것
파. 크실렌은 0.5 mg/L를 넘지 아니할 것
하. 1,1-디클로로에틸렌은 0.03 mg/L를 넘지 아니할 것
거. 사염화탄소는 0.002 mg/L를 넘지 아니할 것
너. 1,2-디브로모-3-클로로프로판은 0.003 mg/L를 넘지 아니할 것
더. 1,4-다이옥산은 0.05 mg/L를 넘지 아니할 것

4. 소독제 및 소독부산물질에 관한 기준

(샘물·먹는샘물·염지하수·먹는염지하수·먹는해양심층수 및 먹는물공동시설의 물의 경우에는 적용하지 아니한다.)

가. 잔류염소(유리잔류염소를 말한다)는 4.0 mg/L를 넘지 아니할 것
나. 총트라이할로메탄은 0.1 mg/L를 넘지 아니할 것
다. 클로로폼은 0.08 mg/L를 넘지 아니할 것
라. 브로모다이클로로메탄은 0.03 mg/L를 넘지 아니할 것
마. 다이브로모클로로메탄은 0.1 mg/L를 넘지 아니할 것
바. 클로랄하이드레이트는 0.03 mg/L를 넘지 아니할 것
사. 다이브로모아세토니트릴은 0.1 mg/L를 넘지 아니할 것
아. 다이클로로아세토니트릴은 0.09 mg/L를 넘지 아니할 것
자. 트라이클로로아세토니트릴은 0.004 mg/L를 넘지 아니할 것
차. 할로아세틱에시드(다이클로로아세틱에시드, 트라이클로로아세틱에시드 및 다이브로모아세틱에시드의 합으로 한다)는 0.1 mg/L를 넘지 아니할 것

5. 심미적 영향물질에 관한 기준

가. 경도(硬度)는 300 mg/L(먹는샘물의 경우 500 mg/L, 먹는염지하수 및 먹는해양심층수의 경우 1,200 mg/L)를 넘지 아니할 것. 다만, 샘물 및 염지하수의 경우에는 적용하지 아니한다.
나. 과망간산칼륨 소비량은 10 mg/L를 넘지 아니할 것
다. 냄새와 맛은 소독으로 인한 냄새와 맛 이외의 냄새와 맛이 있어서는 아니될 것(맛의 경우는 염지하수에는 적용하지 아니한다)
라. 동은 1 mg/L를 넘지 아니할 것
마. 색도는 5도를 넘지 아니할 것
바. 세제(음이온 계면활성제)는 0.5 mg/L를 넘지 아니할 것. 다만, 샘물·먹는샘물, 염지하수·먹는염지하수 및 먹는해양심층수의 경우에는 검출되지 아니하여야 한다.
사. 수소이온 농도는 pH 5.8 이상 pH 8.5 이하이어야 할 것
아. 아연은 3 mg/L를 넘지 아니할 것
자. 염소이온은 250 mg/L를 넘지 아니할 것(염지하수의 경우에는 적용하지 아니한다)
차. 증발잔류물은 500 mg/L를 넘지 아니할 것. 다만, 샘물 및 염지하수의 경우에는 적용하지 아니하며, 먹는샘물, 먹는염지하수 및 먹는해양심층수의 경우에는 미네랄 등 무

해성분을 제외한 증발잔류물이 500 mg/L를 넘지 아니하여야 한다.

카. 철은 0.3 mg/L를 넘지 아니할 것. 다만, 샘물 및 염지하수의 경우에는 적용하지 아니한다.

타. 망간은 0.3 mg/L(수돗물의 경우 0.05 mg/L)를 넘지 아니할 것. 다만, 샘물 및 염지하수의 경우에는 적용하지 아니한다.

파. 탁도는 1 NTU(Nephelometric Turbidity Unit)를 넘지 아니할 것. 다만, 지하수를 원수로 사용하는 마을상수도, 소규모급수시설 및 전용상수도를 제외한 수돗물의 경우에는 0.5 NTU를 넘지 아니하여야 한다.

하. 황산이온은 200 mg/L를 넘지 아니할 것(염지하수의 경우에는 적용하지 아니한다)

거. 알루미늄은 0.2 mg/L를 넘지 아니할 것

6. 방사능에 관한 기준(염지하수의 경우에만 적용한다)

가. 세슘(Cs-137)은 4.0 mBq/L를 넘지 아니할 것

나. 스트론튬(Sr-90)은 3.0 mBq/L를 넘지 아니할 것

다. 삼중수소는 6.0 Bq/L를 넘지 아니할 것

5.3 수질오염물질의 배출허용기준

(1) 지역구분 적용에 대한 공통기준

가. 제2호 각 목 및 비고의 지역구분란의 청정지역, 가지역, 나지역 및 특례지역은 다음과 같다.

1) 청정지역 : 「환경정책기본법 시행령」 별표 1 제3호에 따른 수질 및 수생태계 환경기준(이하 "수질 및 수생태계 환경기준"이라 한다) 매우 좋음(Ⅰa)등급 정도의 수질을 보전하여야 한다고 인정되는 수역의 수질에 영향을 미치는 지역으로서 환경부장관이 정하여 고시하는 지역

2) 가지역 : 수질 및 수생태계 환경기준 좋음(Ⅰb), 약간 좋음(Ⅱ)등급 정도의 수질을 보전하여야 한다고 인정되는 수역의 수질에 영향을 미치는 지역으로서 환경부장관이 정하여 고시하는 지역

3) 나지역 : 수질 및 수생태계 환경기준 보통(Ⅲ), 약간 나쁨(Ⅳ), 나쁨(Ⅴ) 등급 정도의 수질을 보전하여야 한다고 인정되는 수역의 수질에 영향을 미치는 지역으로서 환경부장관이 정하여 고시하는 지역

4) 특례지역 : 환경부장관이 법 제49조제3항에 따른 공동처리구역으로 지정하는 지역 및 시장·군수가 「산업입지 및 개발에 관한 법률」 제8조에 따라 지정하는 농공단지

나. 「자연공원법」 제2조제1호에 따른 자연공원의 공원구역 및 「수도법」 제7조에 따라 지정·공고된 상수원보호구역은 제2호에 따른 항목별 배출허용기준을 적용할 때에는 청정지역으로 본다.

다. 정상가동 중인 공공하수처리시설에 배수설비를 연결하여 처리하고 있는 폐수배출시설에 제2호에 따른 항목별 배출허용기준(같은 호 나목의 항목은 해당 공공하수처리시설에서 처리하는 수질오염물질 항목만 해당한다)을 적용할 때에는 나지역의 기준을 적용한다.

(2) 항목별 배출허용기준

가. 생물화학적산소요구량 · 화학적산소요구량 · 부유물질량

대상규모 / 항목 / 지역구분	1일 폐수배출량 2천 세제곱미터 이상			1일 폐수배출량 2 천세제곱미터 미만		
	생물화학적 산소요구량 (mg/L)	화 학 적 산소요구량 (mg/L)	부 유 물질량 (mg/L)	생물화학적 산소요구량 (mg/L)	화 학 적 산소요구량 (mg/L)	부 유 물질량 (mg/L)
청정지역	30 이하	40 이하	30 이하	40 이하	50 이하	40 이하
가지역	60 이하	70 이하	60 이하	80 이하	90 이하	80 이하
나지역	80 이하	90 이하	80 이하	120 이하	130 이하	120 이하
특례지역	30 이하	40 이하	30 이하	30 이하	40 이하	30 이하

나. 수질오염물질

항 목 / 지역 구분		청정지역	가지역	나지역	특례지역
수온이온농도		5.8 ~ 8.6	5.8 ~ 8.6	5.8 ~ 8.6	5.8 ~ 8.6
노말헥산추출물질 함유량(mg/L)	광유류	1 이하	5 이하	5 이하	5 이하
	동식물유지류	5 이하	30 이하	30 이하	30 이하
페놀류함유량(mg/L)		1 이하	3 이하	3 이하	5 이하
시안함유량(mg/L)		0.2 이하	1 이하	1 이하	1 이하
크롬함유량(mg/L)		0.5 이하	2 이하	2 이하	2 이하
용해성철함유량(mg/L)		2 이하	10 이하	10 이하	10 이하
아연함유량(mg/L)		1 이하	5 이하	5 이하	5 이하
구리(동)함유량(mg/L)		1 이하	3 이하	3 이하	3 이하
카드뮴함유량(mg/L)		0.02 이하	0.1 이하	0.1 이하	0.1 이하
수은함유량(mg/L)		0.001 이하	0.005 이하	0.005 이하	0.005 이하
유기인함유량(mg/L)		0.2 이하	1 이하	1 이하	1 이하
비소함유량(mg/L)		0.05 이하	0.25 이하	0.25 이하	0.25 이하
납함유량(mg/L)		0.1 이하	0.5 이하	0.5 이하	0.5 이하
6가크롬함유량(mg/L)		0.1 이하	0.5 이하	0.5 이하	0.5 이하
용해성망간함유량(mg/L)		2 이하	10 이하	10 이하	10 이하
플로오르(불소)함유량(mg/L)		3 이하	15 이하	15 이하	15 이하
PCB함유량(mg/L)		불검출	0.003 이하	0.003 이하	0.003 이하
총대장균군(群)(총대장균군수)(mL)		100 이하	3,000 이하	3,000 이하	3,000 이하
색도(도)		200 이하	300 이하	400 이하	400 이하

항 목 \ 지역 구분	청정지역	가지역	나지역	특례지역
온도(℃)	40 이하	40 이하	40 이하	40 이하
총질소(mg/L)	30 이하	60 이하	60 이하	60 이하
총인(mg/L)	4 이하	8 이하	8 이하	8 이하
트라이클로로에틸렌(mg/L)	0.06 이하	0.3 이하	0.3 이하	0.3 이하
테트라클로로에틸렌(mg/L)	0.02 이하	0.1 이하	0.1 이하	0.1 이하
음이온계면활성제(mg/L)	3 이하	5 이하	5 이하	5 이하
벤젠(mg/L)	0.01 이하	0.1 이하	0.1 이하	0.1 이하
다이클로로메탄(mg/L)	0.02 이하	0.2 이하	0.2 이하	0.2 이하
생태독성(TU)	1 이하	2 이하	2 이하	2 이하
셀레늄함유량(mg/L)	0.1 이하	1 이하	1 이하	1 이하
사염화탄소(mg/L)	0.004 이하	0.04 이하	0.04 이하	0.08 이하
1,1-다이클로로에틸렌(mg/L)	0.03 이하	0.3 이하	0.3 이하	0.6 이하
1,2-다이클로로에탄(mg/L)	0.03 이하	0.3 이하	0.3 이하	0.3 이하
클로로폼(mg/L)	0.08 이하	0.8 이하	0.8 이하	0.8 이하
니켈(mg/L)	0.1 이하	3.0 이하	3.0 이하	3.0 이하
바륨(mg/L)	1.0 이하	10.0이하	10.0 이하	10.0 이하
1,4-다이옥산(mg/L)	0.05 이하	4.0 이하	4.0 이하	4.0 이하
다이에틸헥실프탈레이트(DEHP)(mg/L)	0.02 이하	0.2 이하	0.2 이하	0.8 이하
염화비닐(mg/L)	0.01 이하	0.5 이하	0.5 이하	1.0 이하
아크릴로나이트릴(mg/L)	0.01 이하	0.2 이하	0.2 이하	1.0 이하
브로모폼(mg/L)	0.03 이하	0.3 이하	0.3 이하	0.3 이하
나프탈렌(mg/L)	0.05 이하	0.5 이하	0.5 이하	0.5 이하
폼알데하이드(mg/L)	0.5 이하	5.0 이하	5.0 이하	5.0 이하
에피클로로하이드린(mg/L)	0.03 이하	0.3 이하	0.3 이하	0.3 이하
톨루엔(mg/L)	0.7 이하	7.0 이하	7.0 이하	7.0 이하
자일렌(mg/L)	0.5 이하	5.0 이하	5.0 이하	5.0 이하

(3) 특정수질유해물질 폐수배출시설 적용기준

물질명	기준농도(mg/L)
구리와 그 화합물	0.1
납과 그 화합물	0.01
비소와 그 화합물	0.01
수은과 그 화합물	0.001
시안화합물	0.01
유기인 화합물	0.0005
6가크롬 화합물	0.05
카드뮴과 그 화합물	0.005
테트라클로로에틸렌	0.01
트라이클로로에틸렌	0.03
페놀류	0.005
폴리클로리네이티드바이페닐	0.0005
셀레늄과 그 화합물	0.01
벤젠	0.01
사염화탄소	0.002
다이클로로메탄	0.02
1,1-다이클로로에틸렌	0.03
1,2-다이클로로에탄	0.03
클로로폼	0.08
1,4-다이옥산	0.05
다이에틸헥실프탈레이트(DEHP)	0.008
염화바이닐	0.005
아크릴로나이트릴	0.005
브로모폼	0.03

5.4 폐수종말처리시설의 방류수 수질기준

구 분	Ⅰ지역	Ⅱ지역	Ⅲ지역	Ⅳ지역
생물화학적 산소요구량 (BOD)(mg/L)	10(10) 이하	10(10) 이하	10(10) 이하	10(10) 이하
화학적 산소요구량 (COD)(mg/L)	20(40) 이하	20(40) 이하	40(40) 이하	40(40) 이하
부유물질(SS) (mg/L)	10(10) 이하	10(10) 이하	10(10) 이하	10(10) 이하
총질소(T-N) (mg/L)	20(20) 이하	20(20) 이하	20(20) 이하	20(20) 이하
총인(T-P) (mg/L)	0.2 (0.2) 이하	0.3 (0.3) 이하	0.5 (0.5) 이하	2(2) 이하
총대장균군수 (개/mL)	3,000 (3,000)	3,000 (3,000)	3,000 (3,000)	3,000 (3,000)
생태독성 (TU)	1(1) 이하	1(1) 이하	1(1) 이하	1(1) 이하

Ⅰ지역 가. 「수도법」제7조에 따라 지정 · 공고된 상수원보호구역

나. 「환경정책기본법」제22조제1항에 따라 지정 · 고시된 특별대책지역 중 수질보전 특별대책지역으로 지정 · 고시된 지역

다. 「한강수계 상수원수질개선 및 주민지원 등에 관한 법률」 제4조제1항, 「낙동강수계 물관리 및 주민지원 등에 관한 법률」 제4조제1항, 「금강수계 물관리 및 주민지원 등에 관한 법률」 제4조제1항 및 「영산강 · 섬진강수계 물관리 및 주민지원 등에 관한 법률」 제4조제1항에 따라 각각 지정 · 고시된 수변구역

라. 「새만금사업 촉진을 위한 특별법」제2조제1호에 따른 새만금사업지역으로 유입되는 하천이 있는 지역으로서 환경부장관이 정하여 고시하는 지역

Ⅱ지역 법 제22조제2항에 따라 고시된 중권역 중 화학적 산소요구량(COD) 또는 총인(T-P)의 수치가 법 제24조제2항제1호에 따른 목표기준을 초과하였거나 초과할 우려가 현저한 지역으로서 환경부장관이 정하여 고시하는 지역

Ⅲ지역 법 제22조제2항에 따라 고시된 중권역 중 한강 · 금강 · 낙동강 · 영산강 · 섬진강 수계에 포함되는 지역으로서 환경부장관이 정하여 고시하는 지역(Ⅰ지역 및 Ⅱ지역을 제외한다)

Ⅳ지역 Ⅰ지역, Ⅱ지역 및 Ⅲ지역을 제외한 지역

원소명과 원자량

영문명	한글명	기호	원자번호	원자량	영문명	한글명	기호	원자번호	원자량
Aluminum	알루미늄	Al	13	26.981	Iridium	이리듐	Ir	77	192.2
Americium	아메리슘	Am	95	(243)	Iron	철	Fe	26	55.85
Antimony	안티몬	Sb	51	121.75	Krypton	크립톤	Kr	36	83.80
Argon	아르곤	Ar	18	39.984	Lanthanum	란탄	La	57	138.92
Arsenic	비소	As	33	74.921	Lead	납	Pb	82	207.21
Astatine	아스타틴	At	85	(210)	Lithium	리튬	Li	3	6.940
Barium	바륨	Ba	56	137.34	Lutetium	루테튬	Lu	71	174.99
Berkelium	버클륨	Bk	97	(247)	Magnesium	마그네슘	Mg	12	24.32
Berylium	베릴륨	Be	4	9.103	Manganese	망간	Mn	25	54.94
Bismuth	비스무트	Bi	83	209.00	Mendelevium	맨델레븀	Md	101	(256)
Boron	붕소	B	5	10.82	Mercury	수은	Hg	80	200.61
Bromine	브롬	Br	35	79.916	Molybdenum	몰리브덴	Mo	42	95.55
Cadmium	카드뮴	Cd	48	112.41	Noedymium	네오디뮴	Nd	60	144.27
Calcium	칼슘	Ca	20	40.08	Neon	네온	Ne	10	20.108
Carbon	탄소	C	6	12.011	Nickel	니켈	Ni	28	58.71
Cerium	세륨	Ce	58	1470.13	Niobium	니오브	Nb	41	92.91
Cesium	세슘	Cs	55	132.91	Nitrogen	질소	N	7	14.008
Chlorine	염소	Cl	17	35.457	Nobelium	노벨륨	No	102	(254)
Chromium	크롬	Cr	24	52.01	Osmium	오스뮴	Os	76	190.2
Cobalt	코발트	Co	27	58.94	Oxygen	산소	O	8	16
Copper	구리	Cu	29	63.54	Palladium	팔라듐	Pd	46	106.4
Curium	퀴륨	Cm	96	(247)	Phosphorus	인	P	15	30.975
Dysprosium	디스프로슘	Dy	66	162.51	Platinum	백금	Pt	78	195.09
Einsteinium	아인슈타이늄	Es	99	(254)	Potassium	칼륨	K	19	39.102
Erbium	에르븀	Er	68	167.27	Selenium	셀레늄	Se	34	78.96
Europium	유로퓸	Eu	63	152.0	Silicon	규소	Si	14	28.086
Fermium	페르뮴	Fm	100	(253)	Silver	은	Ag	47	107.87
Fluorine	플루오르	F	9	19.00	Sodium	나트륨	Na	11	22.989
Francium	프랑슘	Fr	87	(223)	Strontium	스트론튬	Sr	38	87.62
Gadolinium	가돌리늄	Gd	64	157.26	Sulfur	황	S	16	32.064
Gallium	갈륨	Ga	31	69.72	Tellurium	텔루륨	Te	52	127.60
Germanium	게르마늄	Ge	32	72.60	Thallum	탈륨	Tl	81	204.37
Gold	금	Au	79	197.0	Tin	주석	Sn	50	118.69
Hafnium	하프늄	Hf	72	178.50	Titanum	티타늄	Ti	22	47.90
Helium	헬륨	He	2	4.003	Tungsten	텅스텐	W	74	183.85
Holmium	홀뮴	Ho	67	164.94	Uranium	우라늄	U	92	238.09
Hydrogen	수소	H	1	1.0080	Vanadium	바나듐	V	23	50.942
Indium	인듐	In	49	1147.8	Zinc	아연	Zn	30	65.37
Iodine	요오드	I	53	126.91	Zirconium	지르코늄	Zr	40	91.22

수질분석실험

정가 12,000원

발 행 2022년 3월 10일 2판 2쇄
저 자 동화기술편집부
발행인 정우용
발행처 도서출판 동화기술
경기도 파주시 광인사길 201(문발동, 파주출판도시)
Tel (031)955-4211~6 donghwapub@nate.com
Fax (031)955-4217 www.donghwapub.co.kr
(등록) 1977년 12월 19일/9-16호

Printed in Korea

ISBN 978-89-425-9209-8